王安琪 著

麵團與麵糊，
基礎 的 基礎

烘焙新手的
第一堂課

六大類麵團和
麵糊基本技法與
糕點示範

朱雀文化

學會基本麵團與麵糊，輕鬆完成無數糕點

繼上一本《打發，基礎的基礎》之後，我們馬不停蹄地推出這本《麵團與麵糊，基礎的基礎》，希望能給予想要進入烘焙世界的新手們最初階、最詳細的技法教學與基本糕點運用。

本書中收錄的包括：餅乾麵團、派皮麵團、塔皮麵團、蛋糕麵糊、煎餅＆薄餅麵糊，以及泡芙麵糊，是烘焙世界中最基本的技巧，也就是說你只要學會了這幾種基本麵團與麵糊，便能完成無數糕點。當中難度最高的，要算是派皮麵團單元中的「千層派皮」了。對於剛入門的新手們來說，建議在天氣涼爽的季節操作，相信會提高成功的機率。為了讓新手們能快速進入學習階段，我在每個單元的基本製作和糕點食譜，都仔細標註了注意事項和我個人的經驗分享，同時，材料工具的選購上也有不少重點提示，希望這樣的資訊可以幫助讀者正確選擇材料、工具，事半功倍。

書中的麵團或麵糊幾乎都精心的記錄了 2 ～ 3 種操作方法，希望可以模擬讀者們在家中操作的情景，包括完全沒有機器的手動模式，以及機器的使用方式。也希望反覆的操作可以加深讀者們對麵糊與麵團的了解和掌握，讓每次製作都能成功！此外，本書中我選用的都是普通常見的器具，像是手拿攪拌棒、手提式和桌上型電動攪拌器等。當中我想推薦一台好用的食物處理機 Magimix 4200 XL，除了一般處理食材的功能，我特別喜愛用它來製作派皮麵團、打發蛋白，相當實用，特別謝謝恆隆行貿易股份有限公司的贊助。

烘焙一直是我的最愛，不論人生的哪一個階段，我都無法割捨這個喜好。我很喜歡製作糕點，也希望未來可以繼續這個興趣，並將美味成品分享給身旁的親友們。再次謝謝朱雀團隊的信任與支持，也感謝所有讀者的愛護與鼓勵，我非常喜歡與讀者共享烘焙的喜悅，如果讀者們有任何疑問，歡迎直接在我的臉書粉絲頁「王安琪的 kuchenkuche」留言，我會儘快答覆。

王安琪
2017 春天

實際操作前的9個注意事項

　　本書是專為烘焙新手設計的「烘焙小學堂」課程。準備好翻開書操作之前，建議先閱讀以下幾個注意事項，方能更快進入麵團和麵糊的「基本技巧」和「糕點實作」內容。

① **想學哪個單元、順序自己決定**：書中挑選出「餅乾麵團」、「塔皮麵團」、「派皮麵團」、「蛋糕麵糊」、「泡芙麵糊」和「煎餅＆薄餅麵糊」六個單元，可以隨意挑選自己想先學的單元，不一定要按照書中的排列順序操作。

② **同時學會多種工具操作**：在每個單元的「基本技巧」部分，都盡量模擬讀者家中可能有的機器，像是「手提式、桌上型電動攪拌器」或「食物處理機」，還有純手動的操作法，一次全部學會。

③ **減少食材浪費**：每個單元的「基本技巧練習」部分的材料，為了避免浪費食材，所以是以當個單元中的糕點範例為參考份量，讓大家一邊練習，一邊就能做好成品享用。

④ **以「步驟說明順序」流程圖提示**：為了幫助讀者更了解「基本技巧」部分的學習步驟和順序，在每個單元「基本技巧」最前面，加上「步驟說明順序」流程圖。

⑤ **先閱讀p.7～p.15再買工具**：本書中使用的基本工具沒有特別偏好，但希望新手們在操作前，可先翻閱p.7～p.15「基本工具」的介紹，先認識工具的特性再選購適合自己的。

⑥ **學會基本技法再實作**：書中每個單元都是以麵團或麵糊的「基本技法」→「糕點範例」的順序進行，目的是讓大家先學會基本技法再實際操作，現學現用！

⑦ **使用玻璃盆時要注意**：為了拍照呈現美觀，書中多數以玻璃盆操作，如果你也使用玻璃盆，需注意使用安全，並且避免以玻璃盆加熱。

⑧ **特別選出經典款糕點範例**：本書所選的「糕點範例」雖是針對烘焙新手設計的實作品項，但都是經典款且配方可口度毫不遜色，有經驗者或嗜吃甜點的人更別錯過了！

⑨ **打發鮮奶油用處多**：本書糕點中有幾處用到打發鮮奶油裝飾，如果新手們想學習打發鮮奶油的基本技巧、運用，或者不同機器的操作法，可參照我的另一本食譜《打發，基礎的基礎》中的p.16～p.31。

目錄 Contents

工具 與 材料篇

基本工具&常見食材

Utensils and Ingredients

這裡列出了新手們剛踏入烘焙世界，
製作基礎麵團和麵糊時所需的基本工具和常見食材。
在以下介紹中，我將和新手們分享選購工具的提示，
以及食材的保存方法。

Utensils and Ingredients

I 攪拌類

① 桌上型電動攪拌器

最大的優點是「省力、省時」。新手可以選擇一款可替換攪拌頭的桌上型攪拌器，同時又可以與主座分離，當作手提式攪拌器使用，等於一機兩用。亦可選擇一個桌上型機種，搭配手拿攪拌棒使用，對於操作蛋糕、餅乾等打發的點心綽綽有餘。

❶桌上型與手提式一機兩用。

② 手提式電動攪拌器

最大優點是「可變通」，當製作過程不時要在不同攪拌盆中混合、打發時，可以隨時派上用場。選購時，可依機器馬力、速度段數、開關按鈕方式選擇。

❷手提式電動攪拌器也依功能配備不同攪拌頭。

③ 手拿攪拌棒、木匙

都適合用在製作少量食材時。選購手拿攪拌棒時，除了握把是否順手，長度、不鏽鋼線條都要注意。建議準備一支較長的（約30公分）用在打發蛋白霜等，另一支較短的（約24公分）用在煮餡料等。線條間也不可太密，以免影響混拌粉類。此外，木匙也可以打發和拌勻奶油，不妨搭配使用。

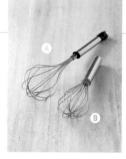

❸❹比較長，可用來打發蛋白。❺稍微短，可用在煮餡料。

❸❻柄較長且匙面積較大，煮東西時較不燙手。❼柄較短且匙面積較小，適合單純攪拌。

④ 食物處理機

除了切片、切絲、絞碎，還可以用來混合麵包麵團、派皮麵團。所以，只要換上不同的混合工具時，可以發揮各種功效。食物處理機通常以容量來區分，小至500毫升，大至2公升。小容量的適合混拌少量的醬料、堅果、咖啡豆，卻不適合攪拌餡料；大容量的適合混拌餡料、打麵團，以及大量的醬料、堅果等等，但在處理少量食材時較不方便。

❹可搭配不同攪拌頭的多功能食物處理機。

⑤ 攪拌盆

　　從材質上來看，鋼盆的導熱導冷效果好，高品質鋼盆既耐用，又可直火加熱、耐摔，很適合新手使用。玻璃、陶瓷的攪拌盆因為材質重，所以穩固，而且可以放入洗碗機。塑膠攪拌盆則因為輕，好清洗且不怕摔，也很適合家中有嬰幼兒的人使用。

⑤ Ⓐ不鏽鋼材質攪拌盆。Ⓑ玻璃材質攪拌盆。

II 模型類

❶ 派塔模

　　依功能來分，有活動式與固定式兩種；依照材質來分，主要有白鐵（不鏽鋼）以及表面鍍有不沾材質這兩種。派和塔都非常好脫模，尤其是塔，因為奶油的用量高，所以烤熟的塔皮表面有油脂，非常容易脫模，只不過有時候心急貪快，塔皮尚未降溫時脫膜會容易破裂。

　　建議新手選購時，因為市面上的食譜大多以直徑7～9吋的模型寫配方，所以建議先購買7～9吋的派塔模。如果想製作精緻小巧的派塔，可另外添購小尺寸模型。由於製作一個派或塔，總是比製作十幾個派或塔來得容易多，因此家庭烘焙使用大尺寸派塔模的機率比較高。

❶ Ⓐ固定式、不沾材質派塔模。Ⓑ活動式、不沾材質派塔模。Ⓒ固定式、白鐵材質派塔模。

❷ 蛋糕模

　　依功能來分，有活動式與固定式兩種。依照材質來分，主要有白鐵（不鏽鋼）以及表面鍍有不沾材質這兩種。白鐵模型是製作天使蛋糕必要的材質，天使蛋糕和戚風蛋糕都屬於蛋白乳沫類，模型內壁不得抹油撒粉，必須靠著麵糊的抓壁力道膨脹。

　　蛋糕模型容量、尺寸大小不一，若是四口以下的小家庭，通常一次製作3～4顆蛋份量的蛋糕即已足夠，需要大約直徑6吋的蛋糕模。選購活動式戚風蛋糕模，再另外添購平面的活動底盤，是較划算的組合方式。

❷ Ⓐ不沾材質磅蛋糕模型。Ⓑ白鐵材質戚風蛋糕模。Ⓒ固定式、鐵氟龍材質塔模。Ⓓ固定式、白鐵材質派塔模。

Ⅲ 測量類

❶ 溫度計

烤箱溫度計（圖中 ❹）專門用來測量烤箱內溫度。當烤箱老舊或對烤色不滿意時，都可以藉由烤箱溫度計來測試，以確保烤溫正確。另一種烘焙用溫度計（圖中 ❺）是用來測量麵包麵團溫度、材料溫度以及煮糖溫度的最佳幫手，製作義式蛋白霜的時候就需要溫度計。

❶❹指針式烤箱溫度計。❺烘焙用溫度計，容易閱讀的電子式設計。

❷ 電子秤

精準的電子秤是製作點心不可缺的工具，因為甜點是一門科學，很多點心都需要精確的材料份量。不論是電子或彈簧磅秤，最好能精準到 1 公克。彈簧磅秤不可以與具有影響磁性的物品放在一起，會失去精準度。電子式磅秤則不可以在水龍頭下沖刷，會造成電路板故障。

❷不同外型與最小量度的電子秤。

❸ 量匙與量杯

量杯的材質各異，選用耐熱材質可以用在隔水加熱，例如不鏽鋼量杯，耐熱且不怕摔。至於其他材質與容量的量杯，可以隨自己喜好挑選，但是最好有杯嘴，容易傾倒出液體。

針對少份量的材料，很多食譜書都以大匙、小匙替代公克，方便操作者可以省去秤量。市面上的專用量匙都是一串，從 15 公克、10 公克、5 公克到 2.5 公克，但依廠牌的量匙容量有異，購買前必須確認。

❸❹有杯嘴的量杯容易傾倒液體。❺不鏽鋼小量杯容易清洗保存。❻多用在量取小份量液體、粉類的小量匙。

IV 刮、切、壓類

❶ 切刀

滾動式切刀運用在切割生派皮,包括上層、下層派皮。上層派皮在做編織狀的格子圖案時,多半會使用滾動式切刀把派皮切成條狀。切刀還可以用來切割生的義大利麵條、麵團麵皮。

❷ 擀麵棍

用來把麵團擀成麵皮、派皮、塔皮。擀麵棍的造型各異,製作本書點心的擀麵棍與製作麵包的擀麵棍無異,都是選擇重量厚重的較好。木製擀麵棍清洗後一定要曬過或烘乾,以免累積水分在棍子裡,造成腐敗。

❸ 橡皮刮刀和刮板

橡皮刮刀是攪拌和混合的絕佳工具。橡皮刮刀因為有彈性,可以輕鬆順著攪拌盆邊緣的弧度刮下,讓材料不浪費、減少耗損。

刮板大多用來整平麵糊表面,例如製作蛋糕捲的薄片蛋糕麵糊,厚薄需整得一致。它也用在混拌比較硬的麵糊,例如馬卡龍麵糊,用刮板來做最後的混合動作。

❹ 切割器

用在製作派皮的時候,把冰過的奶油放在麵粉堆中切成小塊,非常省力。如果沒有的話,也可以用叉子操作。

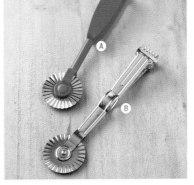

❶ Ⓐ塑膠柄輕巧易攜帶的滾動式切刀。Ⓑ此款切刀尾端還有製作派皮花邊的功能。

❷ Ⓐ用於擀製小面積的麵皮。Ⓑ木製較重的擀麵棍比較扎實。

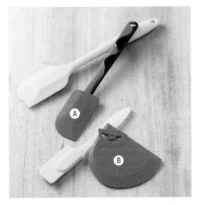

❸ Ⓐ充分運用不同尺寸的刮刀更能事半功倍。Ⓑ刮板是整平麵糊的最佳工具。

❹ 手作派皮時,切割奶油的好工具。

V輔助類

❶ 花嘴和擠花袋

用來製作需要擠花的點心，包括鮮奶油擠花、馬卡龍、擠花餅乾等等。擠花袋的材質分成拋棄式和可重複使用的。通常大口徑的擠花嘴會搭配大容量的擠花袋。此外，擠花餅乾麵團的質地比較硬，建議使用重複性擠花袋，而鬆軟輕盈的起泡鮮奶油，可以使用拋棄式擠花袋。

❷ 冷卻架

網架的款式眾多，外型也分成圓形、方形，通常會配合家中烤箱的尺寸購買。網架的目的是讓產品出爐後放置，可以透過上下皆有空氣流通的架子讓產品溫度快速下降。

❸ 咖啡濾紙

波浪形的大型咖啡濾紙可用來盛裝材料，因為大容量的咖啡濾紙邊緣有高度，秤量麵粉、糖等材料的時候不會外漏，非常方便。

❹ 烘焙重石

盲烤派皮或塔皮時，為了防止烘烤過程的熱空氣將麵團表皮撐起，要在派塔的表面鋪上重石。如果沒有重石，可改用豆子。但是豆子經過反覆的烤焙，水分散失，會越來越輕，就得更換新的豆子。

❺ 揉麵板（擀麵墊）

可以運用墊子上的尺寸來切割派塔的大小。只要有揉麵板，就能清楚知道尺寸，可以隨時擀揉麵團，同時還有防沾黏的功能。適合用在講究尺寸的點心，例如千層派皮、冰箱西點等等。

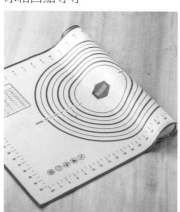

❺兼具尺寸與防沾黏功能的揉麵板，方便清理好收納。

❶重複性擠花袋使用、清洗得當，可以使用很久。

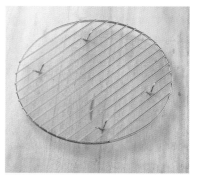

❷可放置剛出爐的餅乾、蛋糕，使其自然冷卻。

❸美式咖啡機專用的大型濾紙，是盛裝秤材料的好幫手。

❹盲烤派皮或塔皮時專用的烘焙重石。

❶ ⒜ 雞蛋放太久易不新鮮，單次購買適當的量即可。**⒝** 牛奶選購小包裝使用為佳。

Ⅰ 蛋、乳製品類

❶ 牛奶和雞蛋

　　購買新鮮冷藏雞蛋以及來自新鮮牧場的牛奶，是最佳的選擇。多餘或剩下的蛋白可以集中存放在密封保鮮盒內，冷藏保存數個星期不會變壞。蛋黃也可以單獨放入密封袋中存放，然後以冷凍保存。牛奶盒口關緊，放入冰箱冷藏保存。

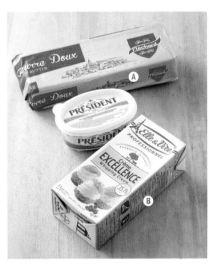

❷ ⒜ 奶油放在密封袋中冷藏。**⒝** 動物性鮮奶油（UHT）是純天然的乳製品，保存期限較短。

❷ 奶油和鮮奶油

　　選擇無鹽奶油、無鹽發酵奶油均可，都必須放入密封袋內單獨存放，避免冷藏櫃內的其他食物污染了奶油的味道。動物性鮮奶油（UHT）打開後，盡量於一個星期內使用完畢，以免腐敗。因為動物性鮮奶油是純天然的乳製品，不含防腐劑，保存時間短。

❸ 奶油乳酪和優格

　　奶油乳酪含水量高，屬於天然乳酪，因此拆封後要儘快使用完畢，如果無法一次用完，也要放入密封袋內妥善保存，避免水氣滲入導致腐敗。優格是發酵食物，所以打開後也要在短時間內使用完畢，以免乳酸菌被污染。奶油乳酪和優格都有小包裝販售，建議購買時先確認使用量。

❸ ⒜ 奶油乳酪是含水量高的乳製品，具獨特的風味。**⒝** 優格是發酵食物，盡快使用完畢為佳。

II 粉類

Ⓐ 高筋麵粉

大部分用在製作麵包，此外還可當作「手粉」，因為蛋白質含量高，麵粉不結塊、不沾黏，適合撒在工作枱上、手上，當作製作派塔麵團的手粉。

Ⓑ 中筋麵粉

用在製作派皮麵團，也廣泛運用在製作饅頭、包子等等中式點心。

Ⓒ 低筋麵粉

用於製作蛋糕、餅乾，使用之前務必過篩。

Ⓐ高筋麵粉Ⓑ中筋麵粉Ⓒ低筋麵粉

Ⓓ 咖啡粉

使用單一風味的純咖啡粉製作糕點為佳，不要使用三合一即溶咖啡包。

Ⓔ 小蘇打粉

用來幫助糕點酥鬆膨脹，尤其是當材料中有可可粉時，都會添加少許小蘇打粉來中和可可粉的酸性。

Ⓕ 抹茶粉

使用烘焙用抹茶粉，顏色會比較深，烘焙的效果會很好。

Ⓖ 玉米粉

材料煮沸後可加入勾芡，例如卡士達醬。烘焙多使用玉米粉，料理多使用太白粉。

Ⓓ咖啡粉Ⓔ小蘇打粉Ⓕ抹茶粉Ⓖ玉米粉Ⓗ可可粉Ⓘ塔塔粉

Ⓗ 可可粉

烘焙用可可粉因為鹼化過，所以色澤會比較深，又稱荷蘭可可粉，是無糖的粉料，並非含糖的即溶包。

Ⓘ 塔塔粉

用來幫助蛋白起泡後的安定性，用量很少，每100公克蛋白大約使用0.5公克塔塔粉即可。

Ⅲ 糖類

Ⓐ 黑糖

黑糖可以與細砂糖互相搭配，用來製作餅乾、蛋糕。因為黑糖濃郁的香甜風味，讓點心的滋味更顯特別風味，色澤也會呈現深褐色。

Ⓑ 三溫糖

可以取代粗粒砂糖，用來裝飾點心的表面，例如蝴蝶酥。

Ⓒ 蜂蜜

蜂蜜可以增加點心的柔和感與提升美味，尤其可以當作薄餅類表面的淋醬，是最簡單又奢華的搭配。

Ⓓ 珍珠糖

耐高溫、糖度較低，以甜菜根提煉而成，一般多由國外進口。可以用在麵包和點心的表面裝飾。撒在點心的表面，品嘗時還有脆脆顆粒的口感。

Ⓔ 細砂糖

白砂糖的一種，最常見的砂糖。與麵糊攪拌時比較容易溶解，適合製作蛋糕。

Ⓕ 糖粉

細緻的糖類食材。除了當作食材之外，也可以撒在點心表面做裝飾，市面上另有防潮糖粉，更能保持糖粉乾爽。

Ⓐ黑糖Ⓑ三溫糖Ⓒ蜂蜜Ⓓ珍珠糖Ⓔ細砂糖Ⓕ糖粉

麵團與麵糊篇

餅乾＆塔皮＆派皮麵團
蛋糕＆泡芙＆煎餅＆薄餅麵糊

Pastry Dough

各類蛋糕、餅乾和派塔類點心總是令人垂涎，

如果能自己做做看多好呀！

新手也不必失望了，只要學會以下6大類基本的麵團與麵糊，

就等於成功一半。

Pastry Dough

Ⅰ 認識餅乾

選擇乳源純正、化口性佳的油脂，是餅乾好吃的重要關鍵。台灣早期點心師傅可以選用的進口奶油不多，所以也會使用豬油製作餅乾，例如：桃酥、蛋黃酥、訂婚喜餅等等。豬油油脂的香氣無可比擬，酥脆的口感也不是奶油可以取代的，因此現在仍有不少人喜歡豬油製的「懷舊」、「古早味」點心。

在國外烘焙界中，使用豬油製作的產品由來已久。豬油叫作「Lard」，但是在烘焙界的術語稱為「Shortening」，如果是人造豬油（白油），則稱為「Vegetable Shortening」，以此類產品製成的餅乾叫作「Shortbread Cookies」。

隨著科技進步，廠商研發出適合擺在室溫下的植物氫化油脂，包括白油、雪白油、酥油和瑪琪琳等，這些油與豬油性質相似，但可以在室溫中保存，因此廣泛被用來替代豬油，其中白油號稱「人造豬油」。直到近年健康意識抬頭，政府在 2018 年將全面禁止以「部分氫化植物油」製作食品。市場因此回歸追求純正奶油，並且利用新科技將純奶油脫水，製成「脫水奶油」，同樣可以在室溫中存放，酥脆度更高。

天然無鹽奶油是做餅乾的首選，但若點心店單純只用奶油做餅乾，那所有糕餅口感與香氣相差無幾，便失去特色。所以許多糕點師傅靈活搭配各種油脂，製作出口感、香氣獨特的產品，讓糕點更豐富。餅乾大致分成「酥鬆類餅乾」、「酥脆類餅乾」、「硬脆類餅乾」和「美式軟餅乾」，比如書中介紹的奶油曲奇，就是酥鬆類餅乾；冰箱西點屬於酥脆類餅乾；而在台灣、日本都很受歡迎的蘭姆葡萄夾心餅乾，則屬於硬脆類餅乾；口感偏軟的巧克力豆餅乾算是美式軟餅乾。

Ⅱ 製作餅乾麵團的原則和技巧

餅乾麵團依配方、材料不同，能做出各種口感。不過無論是哪種餅乾，在製作過程中，以下幾個共通原則和技巧是新手必須先了解的，例如：奶油要先自冰箱取出退冰軟化、奶油打軟、糖與雞蛋加入打發、正確混拌乾性材料等。

▲豬油是從豬的油脂提煉製成，香氣充足。

▲擺在室溫下的植物氫化油脂，包括酥油、瑪琪琳。

▲白油有人造豬油之稱，多用於製作麵包和代替豬油。

▲天然無鹽奶油是製作餅乾用油的不二之選。

以下基本步驟操作中的食材範例：
低筋麵粉 230 公克、無鹽奶油 135 公克、糖粉 115 公克、鹽 2 公克、
蛋液 35 公克

步驟說明順序
奶油退冰軟化→奶油打軟成膏狀→加入糖、蛋打發→混拌乾性材料→視麵團種
類操作

🍪 奶油退冰軟化

　　製作餅乾之前，先將奶油退
冰至軟化。如果冬天室溫過低，
無法順利軟化奶油，可以隔溫
水軟化奶油。但要注意，奶油
遇熱很快會軟化，小心別讓奶
油融化了。相反地，如果夏天
室溫太高，可以開空調。奶油
太軟也會失敗，所以若發現奶
油太軟無法操作，必須再放回
冰箱冷藏一下。

1 準備一鍋約 40℃ 的溫水。

2 把裝有奶油的攪拌盆放入，隔溫水軟化奶油。

🍪 奶油打軟成膏狀（手動或機器操作）

　　這個步驟的目的是將軟化的奶油打成更軟的膏狀（像牙膏般），以利加入其他材料混
合，通常使用手動（手拿）、機器（手提式、桌上型）攪拌器操作。

手拿攪拌棒或木匙 或

〈步驟〉

處理奶油　　　　　　　　　　　　　　確認攪打狀態

1 奶油切塊後放軟。

2 將奶油放入盆中，一手抓緊盆子，另一手握緊攪拌棒或木匙。

3 將奶油放入盆中，不限方向地將奶油打軟。

4 也可以一手將盆子抱在胸前，另一手攪拌，更省力地將奶油打軟成膏狀。

〈步驟〉

手握方式

手提式電動攪拌器

① 手握住機器的握把。

處理奶油、攪打

確認攪打狀態

② 奶油切塊後放軟。

③ 將奶油放入盆中，先以低轉速將奶油打軟。

④ 停機，用橡皮刮刀把噴附在盆子內壁的奶油刮下。

⑤ 繼續攪打，直到奶油打軟成膏狀。

桌上型電動攪拌器

〈步驟〉

處理奶油、攪打

確認攪打狀態

① 奶油切塊後放軟。

② 將奶油放入盆中，以網狀或槳狀攪拌頭將奶油打軟。

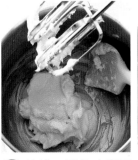

③ 停機，用橡皮刮刀把噴附在盆子內壁的奶油刮下。

④ 繼續攪打，直到奶油打軟成膏狀。

🍪 加入糖、蛋打發（手動或機器操作）——

　　餅乾麵團的配方有時會搭配細砂糖，有時選用糖粉，到底這兩者有什麼不同呢？首先是攪拌時間不同。糖粉的結晶比細砂糖小更多，已經是「粉」的狀態，因此當糖粉與奶油混合時，不需花太多力氣，就能讓材料混合均勻。而細砂糖的結晶顆粒比較大，在與奶油拌合時，不見得會完全融化。沒融化的糖也不用擔心，因為高溫烘烤後就會遇熱融化，產生脆脆的口感。

　　第二是產品表面細緻度不同。以糖粉製作的餅乾麵團細緻度更甚於細砂糖，烘烤後糖粉餅乾的表面比較平滑，尤其是冰箱西點類餅乾。細砂糖製作的餅乾麵團則表面較粗糙，適合用於美式餅乾、堅果雜糧類餅乾。而擠花餅乾要使用細砂糖，因為細砂糖比較硬，可以撐起漂亮的擠花紋路。

　　第三是產品甜度不同。因為糖粉比較容易潮濕，所以有些糖粉內會混合少量玉米粉，因此糖粉的甜度會略低於細砂糖，使甜度不同。

▲細砂糖的甜度足，易取得且穩定性較高。

▲糖粉吸水快溶，適用於短時間攪拌的成品。

手拿攪拌棒或木匙

〈步驟〉

處理奶油

❶ 奶油打軟成膏狀，篩入糖粉。

❷ 先把糖粉壓入奶油中，避免糖粉亂飛，攪打拌勻（細砂糖的話可以不用先壓入）。

確認攪打狀態

❸ 不限方向地將奶油和糖粉混合，打軟至略鬆發，然後可以加入濕性材料（例如蛋液、鮮奶），攪打至略鬆發。

❹ 也可以一手將盆子抱在胸前，另一手攪拌，更省力。

小叮嚀 ｜ Tips ｜

手拿攪拌棒攪打較不易打過頭，所以如果食譜要求非常鬆發，則代表要多費點力氣攪打（使用大的攪拌缸，後續動作比較好操作）。

〈步驟〉

處理奶油、攪打

手提式電動攪拌器

1 糖粉過篩
加入。

確認攪打狀態

3 停機,用刮刀把
噴附在盆子內壁
的奶油刮下。

2 先把糖粉壓入奶油中,避免糖粉亂飛,攪打
拌勻(細砂糖的話可以不用先壓入)。

4 繼續打,直到糖粉融入奶
油中,奶油糊色變淡、質
感變鬆,打至略鬆發,然
後可以加入濕性材料(例
如蛋液、鮮奶),攪打至
略鬆發。

桌上型電動攪拌器

〈步驟〉

處理奶油、攪打

1 奶油打軟成膏狀
後加入細砂糖,
攪打拌勻。

2 停機,用橡皮刮
刀把噴附在盆子
內壁的奶油刮
下。

3 如果是加入糖粉,
而非細砂糖,則先
以攪拌頭將糖粉壓
入奶油中,以免糖
粉噴發。

確認攪打狀態

4 打至略鬆發,奶油糊的邊緣呈
現不平整的絨毛狀。

5 接著可以加入濕
性材料,例如蛋
液、鮮奶(此處
以蛋液為例)。

6 攪打至看不見蛋
液。

小叮嚀 │ Tips │

1. 加入蛋之前先打散比較好,因為家庭製作份量不
   多,有時用的蛋量不到1個,這時要先將全蛋打
   散,秤出所需的量後再加入。

2. 不論使用哪一種攪拌工具,蛋液要確實拌入材料
   中,並依照食譜所示,攪拌至略發或是完全鬆發。

23

🥠 混拌乾性材料（手動或機器操作）

　　製作餅乾的麵粉多以低筋麵粉為主，低筋麵粉因為蛋白質含量低，容易吸收水分、結顆粒，所以務必在製作前一刻過篩。如果參考的是國外的食譜，會發現很多食譜上寫的是「All Purpose Flour」，這是指「中筋麵粉」，也可以選用。

　　當所有液體材料攪拌完成後，就要加入麵粉、核果或果乾等乾性材料。若有加入核果，需先烤過。量多時可利用烤箱低溫烘烤，烤箱溫度設定在上下火 130℃，每隔 5 分鐘以耐熱鍋鏟翻動，直到散出核果香氣或表面開始金黃上色，再取出降溫。量少時可以放在平底鍋，乾鍋以小火翻炒，直到散出香氣、表面金黃上色。但要記得，不論是烘烤或乾炒，都要小心加熱過頭，以免色焦味苦。此外，不管是核果、果乾，記得要在麵粉之後才添加。

▲ 低筋麵粉一定要過篩後再加入。

用手拿攪拌棒或手提式電動攪拌器者，此處用刮刀。

〈步驟〉

加入麵粉　　　　**攪拌成團**

❶ 直接將麵粉篩入盆中。

刮

翻

壓

❷ 一手拿著橡皮刮刀或刮板，另一手扶著盆子，刮一下盆子內壁將粉油刮下，刮板從底部翻起，再把粉油往下壓。

❸ 重複刮→翻→壓的動作攪拌，將麵粉混合成團。

❹ 成團後才可以加入巧克力豆、核果或果乾等食材，混合。

用桌上型電動攪拌器者，此處用刮刀。

〈步驟〉

| 加入麵粉拌成團 | | 可加入果乾等 |

① 改用鉤狀攪拌頭。

② 將麵粉拌入，混合成團。

③ 成團後加入巧克力豆、核果或是果乾等食材，混合。

2. 麵粉含有麩質，所以麵粉加入以後要避免混拌過度，否則易因攪拌過程而喪失打發的空氣，使烤好的餅乾不鬆、口感太硬，所以，當混拌到看不見麵粉時就要停手。攪拌的動作務必輕、快。

視麵團種類操作

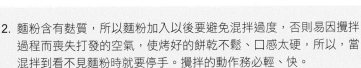

完成餅乾麵團後，視需要製作的餅乾種類，例如：擠花袋餅乾、湯匙餅乾或冰箱餅乾，再進行冷藏或直接整型。不過要記得，冷藏或鬆弛麵團時，都要在表面蓋上保鮮膜，隔絕空氣以免表皮風乾變硬。以下示範各種餅乾麵團的處理方式。

擠花袋餅乾

〈步驟〉

| 選擇擠花袋和花嘴 |

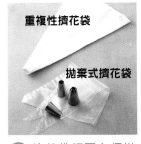  

重複性擠花袋

拋棄式擠花袋

① 擠花袋麵團必須搭配使用厚質的擠花袋，選擇可重複使用的硬質擠花袋，拋棄式擠花袋很容易擠破。

② 花嘴的口徑要選尺寸較大的，至少直徑 1 公分。

② 將麵團直接放入裝有花嘴的擠花袋中操作。麵團內不可有果乾或果粒等，以免擠不出來。

湯匙餅乾（美式餅乾）

〈步驟〉

挖取麵團

小叮嚀 ｜ Tips

湯匙餅乾麵糊若當天無法烤完，建議挖取成小份量之後冷凍保存。改天烘烤前取出直接放置在烤盤上，等待回到室溫後烘烤，不需再攪拌、挖取。

① 湯匙麵糊直接以湯匙挖取定量，放在鋪有烘焙紙的烤盤上。

② 麵糊必須整齊且等量，彼此之間的距離相等，以利熱空氣順暢流通。

冰箱餅乾

〈步驟〉

冷藏麵團　　　　　　　　　　　**整型**

① 把麵團平整的壓成厚薄一致的方形。

② 以保鮮膜包裹，放入冰箱冷藏至少1～2個小時。

③ 取出冷藏後的麵團，工作枱上薄撒手粉（高筋麵粉）。

④ 回復室溫的麵團切割、秤量所需的份量，最後再整型。

小叮嚀 ｜ Tips

1. 沒有用完的麵團再放回冰箱冷凍，可以冷凍1個月。

2. 烘焙食譜提到的「手粉」，指的都是「高筋麵粉」，因為高筋麵粉不容易結顆粒，不會沾黏在生麵團上，可以達到平均、鬆散、不黏手的目的。

3. 冷凍或冷藏麵團時，要先壓扁成厚薄均等的片狀，整成四方形，再進行冷藏。這樣可以減少麵團中麩質的彈力，讓靜置後的麵團容易擀壓。通常冷藏靜置的時間約1～2小時。取出冷藏後的麵團也要先退冰，比較好操作。麵團退冰時要將包裹麵團的保鮮膜移除，以免降溫過程中，保鮮膜內外表面凝結太多水珠而影響麵團。退冰時可以在麵團上蓋一張乾淨的廚房棉布，或是放在沒有溫度的烤箱、微波爐內，略打開門透氣。天冷時可以將要退冰的麵團放在廚房溫暖處，有利快速退冰；天熱時則要小心麵團退冰太快，反而軟化過頭。如果真的太軟，就必須再放入冰箱冷藏凝固。

4. 製作完成的麵團如果不打算短期內使用，則建議冷凍保存。冷凍時務必壓成厚薄均等的片狀，除了以保鮮膜包裹之外，建議放入專用的密封盒內，隔絕冷凍庫其他食物的味道會更好。

▲將麵團壓扁成厚薄均等的片狀，並整成方形。

III 製作餅乾常見失敗原因

針對新手製作餅乾不慎失敗的情況，我歸納出以下幾個易犯錯的地方，大家製作時可以稍微留意，相信必能提升成功率。

🍸 奶油軟化不夠

軟化不夠的奶油硬是被打軟，當加入細砂糖等材料時，會無法順利融合，最後將影響餅乾麵團的成形。尤其是使用擠花袋擠出的曲奇餅乾，如果奶油軟化得不夠，最後擠花的過程會很困難，因為麵團仍然偏硬，即使擠破了數個擠花袋，還是無法順利擠出漂亮的形狀。

▲ 奶油軟化得夠，才能順利擠出漂亮形狀的麵團。

🍸 生麵團的厚薄度不一

餅乾麵團排放在烤盤上時，務必尺寸相同、距離相等。如果把尺寸不同的麵團排放在一張烤盤上，會發現小尺寸的麵團已經熟到幾乎要烤焦了，而大尺寸的麵團中間卻還是軟軟的。

🍸 選錯糖

製作美式餅乾的糖是金黃色澤的紅糖，使用這種糖製作的餅乾，口感是軟的。製作棋格餅乾、冰箱西點的糖如果用細砂糖，完成的餅乾外表會有一點橘皮組織狀，尤其若製作過程中又拚命打發的話，餅乾還會膨脹得特別厲害。製作硬脆的堅果餅乾如果選了糖粉，則會失去硬脆的口感。

▲ 麵團大小相同、間隔距離相等，烤好的餅乾才會熟度均一。

🍸 選用脫水奶油和無鹽奶油

天然脫水奶油可以搭配天然無鹽奶油使用，原本 100 公克無鹽奶油製作的餅乾，可以改成 85 公克無鹽奶油加上 15 公克脫水奶油，這樣的配方比例可以讓餅乾更酥香、更好吃，尤其是曲奇餅乾這一類擠花袋餅乾。

此外，脫水奶油因為不含水分與雜質，是最適合塗抹模型的油脂。當食譜中提到模型內壁薄塗油脂或抹油撒粉時，建議使用脫水奶油塗抹，可以達到防沾黏的最佳效果。

▲ 像瑪德蕾麵糊入模前必須塗油撒粉，就可以使用脫水奶油。

IV 運用餅乾麵團製作美味糕點

學會餅乾麵團之後，以下嘗試製作咖啡奶油曲奇、巧克力奇普和棋格餅乾吧！

快翻到下一頁進行實作↓

開始做糕點囉！

份量： 約 24 片

保存： 單獨包裝放入保鮮盒，搭配乾燥劑，放置於室溫陰涼處，可以保存約 4 個星期。

口感酥鬆、奶油風味濃郁,餅乾必學基本款!

咖啡奶油曲奇
Coffee Butter Cookies

〈材料〉

(1)低筋麵粉 130 公克、即溶咖啡粉 10 公克
(2)蛋黃 1 個(約 17 公克)、香草精 1/2 小匙、蘭姆酒 1 小匙
(3)無鹽奶油 125 公克、細砂糖 60 公克、鹽 2 公克

〈步驟〉

製作麵團

❶ 如果咖啡粉顆粒比較大顆,可以先用擀麵棍把咖啡粉敲碎。

❷ 將低筋麵粉、咖啡粉慢慢混合。

❸ 奶油放入盆中軟化,加入細砂糖、鹽,打至均勻的奶油糊。

❹ 將蛋黃、香草精和蘭姆酒加入奶油糊中,打至鬆發且看不到蛋液。

❺ 將步驟 ❷ 過篩,沒篩過的咖啡粉壓碎,全部加入步驟 ❹ 中,拌成餅乾麵團。

下一頁還有做法!

29

擠好餅乾麵團

6 擠花袋內裝上菊型花嘴，用手指將擠花袋推緊入花嘴中。

7 將麵團放入擠花袋。

8 用刮板將麵團集中推至前方，然後用虎口握好。

烘烤、冷卻

9 烤盤鋪上烤盤紙，將麵團定量地擠在烤盤上。

10 使麵團等距離排列。放入已經預熱好的烤箱，以上下火 200℃烘烤 15 ～ 18 分鐘。

11 烤好取出放在網架上降溫。

小叮嚀 | Tips |

如果麵糊不易擠出，代表太硬，這時可以將裝有麵糊的擠花袋，隔40℃溫水軟化；
相反地如果太軟，無法成型，則要放入冰箱降溫。

最 受 歡 迎 的 巧 克 力 風 味 餅 乾 ！ 新 手 絕 對 成 功 ， 成 為 你 的 拿 手 點 心 。

巧克力奇普
Chocolate Chips

做法請見
下一頁！

份量：約 20 片

保存：單獨包裝放入保鮮盒，搭配乾燥劑，放置於室溫陰涼處，可以保存約 4 個星期。

〈材料〉

（1）無鹽奶油 75 公克、細砂糖 45 公克、黑糖 45 公克、鹽 2 公克

（2）全蛋 1 個（約 50 公克）、香草精 1/2 小匙

（3）低筋麵粉 115 公克、可可粉 15 公克、小蘇打粉 1/2 小匙

（4）高融點巧克力豆 50 公克

〈步驟〉

製作巧克力麵團

② 加入細砂糖、黑糖、鹽。

① 將奶油放入盆中軟化。

③ 打至均勻的奶油糊。

⑤ 低筋麵粉、可可粉和小蘇打粉混合過篩，然後加入步驟 ④ 中。

④ 全蛋打散，加入奶油糊中，打至鬆發再加入香草精拌勻。

⑥ 以刮刀拌到剛好看不到麵粉顆粒即可。

7 加入巧克力豆。

8 拌勻成麵團。

烘烤、冷卻

11 烤好取出放在網架上降溫。

9 烤盤鋪上烤盤紙，用湯匙把麵團定量地舀在烤盤上。

10 麵團等距離排列。放入已經預熱好的烤箱，以上下火 180℃ 烘烤約 20 分鐘。

小叮嚀 ｜ Tips ｜

以奶油為主體的餅乾，通常都可以放置1個月之久。可以把餅乾個別單獨以OPP袋包裝，袋口用熱封口機封住，隔絕空氣，再集中放在盒罐裡，搭配乾燥劑保存。

將一塊塊餅乾放在OPP袋中保存。　▶

餅乾麵團 糕點範例

33

獨特的視覺效果與口感兼具，冰箱西點的經典款。

棋格餅乾
Checkerboard Cookies

份量：約 20 片
保存：單獨包裝放入保鮮盒，搭配乾燥劑，放置於室溫陰涼處，可以保存約 4 個星期。

〈材料〉

（1）無鹽奶油 135 公克、糖粉 115 公克、鹽 2 公克
（2）全蛋 35 公克、香草精 1 小匙
（3）低筋麵粉 92 公克、可可粉 8 公克
（4）低筋麵粉 138 公克

〈步驟〉

製作香草奶油糊

1 所有粉類先分別過篩。無鹽奶油放入盆中軟化，打軟成膏狀。

2 加入過篩的糖粉、鹽，打至均勻混合的奶油糊。

下一頁還有做法！

3 全蛋打散，加入奶油糊中打至鬆發，加入香草精拌勻，即成香草奶油糊。

製作可可麵團

171 公克

114 公克

4 將香草奶油糊分成兩份，一份 114 公克，另一份 171 公克。

5 將 114 公克的香草奶油糊搭配材料（3），拌成均勻可可麵團，重量約 214 公克。

6 把可可麵團移到保鮮膜上，將麵團稍壓扁。

7 以保鮮膜包緊，放入冰箱冷凍約 20 分鐘。

製作原味麵團

⑧ 將 171 公克的奶油糊搭配材料（4），拌勻成原味麵團，重量約 309 公克。

⑨ 把原味麵團移到保鮮膜上，將麵團稍壓扁，以保鮮膜包緊，放入冰箱冷凍約 20 分鐘。

⑩ 取出麵團分成兩份，一份 95 公克，另一份 214 公克。95 公克的麵團預留放置一旁備用。

分割麵團

⑪ 將 214 公克的麵團擀壓成長 12× 寬 8× 厚 2 公分的長方體。巧克力麵團取出也整成相同尺寸。

⑫ 將可可、原味兩塊麵團，用尺在寬邊以每 1 公分為距，切出原味和可可麵團各三條。

⑬ 將這六條麵團交錯疊起，排成棋格的形狀。

⑭ 用木條將麵團邊緣修整出角度。

⑮ 預留的原味麵團擀成薄片。

⑯ 把組合好的棋盤格麵團放在薄片麵團上。

⑰ 先將一邊麵皮往上包起麵團，用木條壓平。

⑱ 再將另一邊的麵皮包起麵團，同樣用木條壓平。

⑲ 如果麵團太薄或是不夠用,可以切一些原味麵團補不足的部分。以保鮮膜包好,整型,放入冰箱冷藏 20 分鐘。

切割成一片片

⑳ 把餅乾麵團取出切成 0.5 公分的厚片。

烘烤、冷卻

㉑ 麵團整齊排列在鋪了烘焙紙的烤盤上。放入已經預熱好的烤箱,以上下火 180℃ 烘烤約 17 ～ 18 分鐘。

㉒ 確認餅乾烤熟後,取出放在網架上降溫。

小叮嚀 │ Tips │

1. 這類含奶油量多的餅乾,可以集中放在密封盒罐內,放入乾燥劑,於室溫陰涼處保存。

2. 剩餘的麵團可以再製作另一條尺寸較小的棋格餅乾。

加入食品用乾燥劑,可延緩餅乾潮化。 ▶

塔皮
麵團
Tart Pastry

Ⅰ 認識塔

塔和派最大的區別是在於塔皮（Tart Pastry）的配方與餅乾麵團相似，都是以奶油為主體，然後加入細砂糖、蛋和麵粉混合製成麵團，再將麵團整入模型、填入餡料，烘烤而成。也有的塔皮預先經過盲烤（Blind Baking or Prebaking），再填入餡料成為可口的點心，例如 p.51 生乳塔。

塔皮可以做單層或雙層，依照食譜的配方而有所不同。它的口感與餅乾的酥、鬆、脆比較相似。塔皮有明顯的甜味，填入的餡料也多半偏甜，這是塔和派最大的不同。

塔皮的模型與派的模型相似，但是大部分師傅在製作塔時，偏好選擇模型邊緣有波浪狀的款式，而且喜好活動式底模，這是因為塔皮比較酥脆，而活動底模相對比較容易成功脫模。

Ⅱ 製作塔皮麵團的原則和技巧

塔皮和派皮比較起來，塔皮更難整型，這是因為塔皮麵團在製作過程中有打發的動作，而且材料中以奶油為主，所以當麵團遇到手溫就更容易軟化、沾黏和出油。因此，整型技巧就是「保持塔皮的低溫」。將塔皮麵團放入小型模時動作要快，雙手拇指以少許高筋麵粉預防沾黏；放入大型模時，盡量完全以塑膠袋隔絕塔皮。製作過程中如果發現塔皮軟化過度，一定要冷藏降溫後再取出整型。

> 以下基本步驟操作中的食材，是以 p.51 生乳塔的塔皮材料為範例：
> 低筋麵粉 200 公克、泡打粉 2 公克、無鹽奶油 120 公克、糖粉 80 公克、鹽 2 公克、蛋液 50 公克

步驟說明順序
奶油退冰軟化→油、糖混合→打發→過篩加入乾粉拌成團→塔皮麵團入模→塔皮麵團盲烤

🥠 奶油退冰軟化

製作塔皮之前，先將奶油退冰至軟化。如果冬天室溫過低，無法順利軟化奶油，可以隔溫水軟化奶油。但要注意，奶油遇熱很快會軟化，小心別讓奶油融化了。相反地，如果夏天室溫太高，可以開空調。奶油太軟也會失敗，所以若發現奶油太軟無法操作，必須再放回冰箱冷藏一下。

❶ 準備一鍋約 40℃ 的溫水。

❷ 把裝有奶油的攪拌盆放入，隔溫水軟化奶油。

🍪 油、糖混合（手動或機器操作）

　　奶油軟化之後可以更輕易與材料融合，所以此步驟不需要把奶油打到完全鬆發，只要確認奶油均勻軟化，且沒有未軟化的奶油塊，就可以加入糖粉了。

手拿攪拌棒或木匙  或

〈步驟〉

處理奶油、攪打

1 奶油切塊後放軟（手指不出力即可壓軟）。

2 奶油放入盆中，一手抓緊盆子，另一手握緊攪拌棒或木匙先打軟。

確認攪打狀態

3 不限方向地將奶油打成更軟的膏狀（像牙膏般）。

4 也可以一手將盆子抱在胸前，另一手攪拌，更省力地將奶油打軟成膏狀。

加入材料拌成糊

5 加入糖粉、鹽拌勻。

刮

壓

6 改用刮刀，以「刮」、「壓」的方式拌勻成奶油糊。

手提式
電動攪拌器

〈步驟〉

手握方式

① 奶油切塊後放軟（手指不出力即可壓軟）。

② 手握住機器的握把。

處理奶油、攪打　加入材料拌成糊

③ 奶油放入盆中，先以低轉速打軟。

④ 將糖粉、鹽篩入盆中，以低轉速拌勻。

⑤ 停機，用刮刀把噴附在盆子內壁的奶油刮下。

⑥ 繼續攪打，直到奶油糊拌勻。

桌上型
電動攪拌器

〈步驟〉

處理奶油、攪打

① 奶油切塊後放軟（手指不出力即可壓軟）。

加入材料拌成糊　確認攪打狀態

   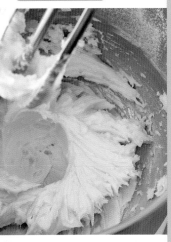

② 奶油放入盆中，以網狀或槳狀攪拌頭將奶油打軟。

③ 將糖粉、鹽篩入盆中，以低轉速拌勻。

④ 停機，用橡皮刮刀把噴附在盆子內壁的奶油刮下。

⑤ 繼續攪打，直到奶油糊拌勻。

🐟 打發（手動或機器操作）

　　打發時，選擇手拿攪拌棒攪打較不易打過頭。如果奶油糊打到顏色泛白的完全鬆發狀，烤好的塔皮會太酥鬆。因為是手工攪拌，建議蛋液分兩次加入，較易於融合。此外，使用大的攪拌缸（盆），後續動作比較好操作。不過無論哪一種打法，把蛋打散後再加入為佳。

手拿攪拌棒或木匙

 或

〈步驟〉

| 加入蛋液、攪打 | | 確認攪打狀態 |

  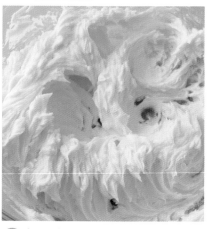

1 先加入一半量的蛋液。　**2** 不限方向地將蛋液攪打拌勻。

3 加入剩下的蛋液混合，打至奶油糊略鬆發（看不見蛋液即可停止攪拌）。

手提式電動攪拌器

〈步驟〉

| 加入蛋液、攪打 | | | 確認攪打狀態 |

   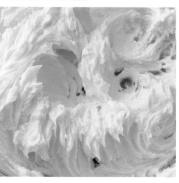

1 手握機器的握把，分次加入蛋液。

2 以低轉速混合攪打至均勻。

3 停機，用橡皮刮刀把噴附在盆子內壁的材料刮下。

4 繼續攪打，直到蛋液融入奶油中，打至奶油糊略鬆發（看不見蛋液即可停止攪拌）。

桌上型電動攪拌器

〈步驟〉

加入蛋液、攪打

① 把蛋液加入盆中，以網狀或槳狀攪拌頭將蛋液混合攪打至均勻，全程以低轉速操作。

② 停機，用刮刀把噴附在盆子內壁的材料刮下。

確認攪打狀態

③ 繼續攪打，直到蛋液融入奶油中，打至奶油糊略鬆發（看不見蛋液即可停止攪拌）。

🔧 過篩加入乾粉拌成團

　　塔皮麵團可以加入不同的調味料來變化風味，例如檸檬皮屑、乾燥香草粉末、可可粉、抹茶粉等等，都可以在拌入麵粉的這個步驟同時添加。有的塔皮食譜內會添加泡打粉，讓塔皮在烘烤過程中更鬆發，如此一來前面幾個攪拌動作就不需要非常鬆發，這一點是操作者務必要注意的。此外，完成塔皮麵團後放入冰箱冷藏鬆弛，之後再取出整型入模。

▲加入香草精增添風味。

〈步驟〉

加入風味材料、乾粉

① 在麵糊中加入檸檬皮屑增添風味。

② 加入過篩的低筋麵粉，攪拌至約九成均勻程度。

③ 將步驟 ② 移到鋪有塑膠袋的工作枱。

④ 雙手放在塑膠袋的下方，一左一右將塑膠袋向上翻起，把材料壓拌成團。

⑤ 整成厚薄不超過2公分的均等片狀，建議整成長方形，以利接下來的步驟。

⑥ 蓋上另一張塑膠袋，冷藏鬆弛約30分鐘。塔皮麵團若沒立刻整型烘烤，可套入塑膠袋，冷凍保存，最長1個月。

🍪 塔皮麵團入模

　　將塔皮麵團放入小型模時動作要快，雙手拇指沾上少許高筋麵粉預防沾黏；放入大型模時，盡量完全以塑膠袋隔絕塔皮。製作過程中如果發現塔皮軟化過度，一定要冷藏降溫後再取出整型。

① 若使用非活動式固定派塔模，可先裁一張比模型直徑長的長方形烘焙紙。

② 鋪在模型底部，以利脫模時當把手。

③ 整型入模前，取一大張塑膠袋，用刀子切割開，成為兩片塑膠紙。

④ 取出冷藏鬆弛過的麵團，放在兩張塑膠紙中間。

⑤ 先用手壓扁麵團，再用擀麵棍將麵團擀成所需的尺寸。

再多約 2 公分

⑥ 擀成略比塔皮的直徑（加上邊緣高度）約再多 2 公分，並厚薄一致。

⑦ 另一種方法是取活動式塔模底片按壓麵團，把擀麵棍放在模型片上面擀壓，更易控制麵團的厚薄。

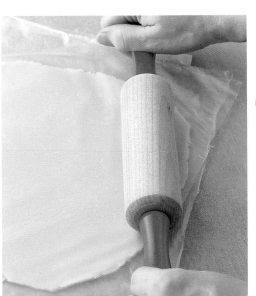

⑧ 每擀過一次，塔皮就要向左邊轉 90 度，一邊擀製要邊轉動方向，讓塔皮每個角落都有被擀到。

⑨ 撕掉表面的塑膠袋,直接拿起底部的塑膠袋,反扣在塔模上。

⑩ 隔著塑膠袋,輕輕沿著塔的邊緣,將塔皮推整入模型。

⑪ 塔皮入模時難免不平整,可以蓋著塑膠袋用手推整,避免以手直接接觸,手有溫度,會讓塔皮變得更軟,更難整型。

⑫ 先把邊緣多的塔皮往塔模邊緣內側壓。

⑬ 蓋上塑膠袋,隔著塑膠袋把塔皮貼整。

⑭ 最後隔著塑膠袋,用擀麵棍擀壓。

⑮ 把塔的邊緣擀平整即可。

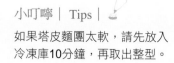

小叮嚀 │ Tips

如果塔皮麵團太軟,請先放入冷凍庫10分鐘,再取出整型。

塔皮麵團盲烤

「盲烤」或稱「預烤」，是為了讓塔皮可以直接裝填熟的餡料，最常見的就是小巧的塔皮內，填入卡士達醬，再鋪上新鮮水果。塔皮烤好之後放入密封袋內，以乾燥劑搭配保存，可以保存至少 1 個星期；放入冷凍庫內，也可以保存 1 個月。因此店家都會提前製作好塔皮，方便隨時取出使用。

〈步驟〉

入烤箱盲烤

❶ 準備「盲烤」前，先在塔皮的表面鋪上烘焙紙或鋁箔紙。

❷ 放入重石或豆子，鋪平整。

❸ 將塔皮放入以 180℃ 預熱好的烤箱內，烘烤 15 ～ 20 分鐘，或是烤到邊緣金黃上色，取出。

檢查烘烤狀態

❹ 移除重石和烘焙紙，再放入烤箱烤 3 分鐘，讓中間部分再烤乾一點。

❺ 取出，放在網架上降溫。

小叮嚀 | Tips |

如果烤好的塔皮中間太軟，必須放入烤箱再烤一下。

Ⅲ製作塔皮常見失敗原因

　　完美塔皮最高的要求，首先是切開來後可以看到明顯的側面和清楚的塔皮角度，這個角度是塔皮邊緣和塔底部形成的直角。然後是餡料與塔皮之間完全密合無縫隙；最後是塔的側面、底部厚度一致，烤色呈現漂亮的淺褐色。為了達到上述這些要求，以下幾個容易導致失敗的原因，製作時要特別注意！

攪拌過度使麵團出筋

　　麵粉篩入之後如果一直反覆按壓，會讓麵團出筋，造成烘烤時塔皮嚴重的收縮。這樣一來會影響塔皮的外型和面積，產品的外觀也不好看。

塔皮鬆弛的時間不夠

　　塔皮麵團製作完成後如果沒有經過冷藏鬆弛的步驟，會因為緊縮的組織而導致塔皮無法順利擀壓成薄片，擀的過程中塔皮可能厚薄不一，也會造成產品外觀不好看。

太多手粉導致塔皮不好吃

　　如果製作過程中沒有用塑膠袋隔離塔皮，塔皮會很容易黏在工作枱上或手上，這時操作者若撒上手粉，就會影響塔皮的配方。因為塔皮的奶油含量高，撒上的手粉很容易就會被吸收，導致塔皮的麵粉比例變多，烤好的塔皮會變硬、不好吃。

▲用擀麵棍擀成厚薄均一。

塔皮脆裂

　　烤好的塔皮尚未降溫就急著脫模，容易導致塔皮脆裂。通常脆裂的塔皮已經喪失商品的價值，無法使用。但如果是烘焙給親友品嘗，補救法是用融化的白巧克力或黑巧克力當作黏合劑，如黏膠般沾黏把破裂處黏起。但若塔皮脆裂得太厲害，就無法用這個方法補救了。

Ⅳ運用塔皮麵團製作美味糕點

　　學會塔皮麵團之後，以下嘗試製作生乳塔吧！

快翻到右頁進行實作→

▲以塑膠袋隔絕手操作，真是個實用的好方法。

清 爽 的 風 味 與 香 氣 ， 吃 不 膩 的 美 味 糕 點 。

生乳塔
Fresh Cream Cheese Tart

做法請見下一頁！

份量：7 吋塔模 1 個（直徑 18 公分）
保存：冷凍 14 天，食用前放冷藏退冰 30 分鐘。

〈材料〉

塔皮

低筋麵粉 200 公克、泡打粉 2 公克、無鹽奶油 120 公克、糖粉 80 公克、鹽 2 公克、蛋液 50 公克

餡料

奶油乳酪 150 公克、細砂糖 60 公克、原味優格 100 公克、吉利丁片 3 公克、檸檬汁 35 毫升

〈步驟〉

製作塔皮

製作餡料

① 以上塔皮配方可以製作 2 個塔皮份量。可參照 p.41 ～ p.49 製作好塔皮麵團，取其中一份麵團入模，烤熟，然後將塔皮降溫、脫模。

② 奶油乳酪切小塊。

③ 隔 40℃ 的溫熱水加溫軟化。

④ 加入細砂糖後攪打成糊狀。

⑤ 加入優格拌勻成乳酪糊。

⑥ 吉利丁片浸泡冷開水，直到軟化，撈出擰乾水分。

⑦ 將吉利丁片隔熱水，使其融化。

⑧ 將檸檬汁倒入乳酪糊鍋中。

⑨ 把吉利丁液倒入乳酪糊鍋中，輕輕攪拌融化。

⑩ 完全拌勻，即成餡料。

餡料倒入塔皮，冷凍

⑪ 把餡料倒入塔皮內，將表面抹平。

⑫ 放入冰箱冷凍凝結，約 2 小時，取出即可品嘗。

小叮嚀 │ Tips │

這個配方使用優格取代鮮奶油，降低熱量、增加天然乳酸菌。但要注意，優格容易出水，所以必須使用吉利丁的凝固效果吸收水分，否則餡料會一直出水，導致塔皮軟化。

Pie Pastry

派皮麵團
Pie Pastry

I 認識派

　　想要讓自己看起來像個專業點心師傅，在親友面前做個派，保證讓人對你讚譽有加！派和塔可以說是兩種相像的點心，最大的不同在於麵團的配方。派的配方非常簡單，只有麵粉、油脂、鹽和水。單靠這四樣材料便能創造酥脆的麵皮，再加入餡料，變化成各式各樣鹹甜滋味。接下來在這個單元中要介紹最常見的兩種派皮：快速派皮（Quick Pie Pastry）和千層派皮（Puff Pastry）。

快速派皮（Quick Pie Pastry）指的是將全部材料混合，利用切拌法混合成團。麵團經過鬆弛之後就可以入模，做法簡單且快速，所以被稱作「簡易派皮」或「酥脆派皮」，可以完成像歐美家庭最常製作的蘋果派、核桃派等等。

千層派皮（Puff Pastry）指的是包油式派皮，需要製作出層次感和酥脆度，屬於派皮的進階版，例如我們熟悉的蝴蝶酥、拿破崙派。雖然有點難度，但只要細心，新手也能順利操作。

▲家常派皮使用的是中筋麵粉。

Ⅱ 製作派皮麵團的原則和技巧

以下要介紹快速派皮、千層派皮的製作方法和技巧。快速派皮是新手入門的最佳首選，因為這種派皮不需要特別的技巧和工具，只要掌握配方比例，就可以在短短幾分鐘內輕鬆完成。

千層派皮又稱為「折疊式派皮」或「包油式派皮」。裝飾用鬆餅、丹麥麵團以及可頌麵團都是「千層派皮」類，屬於進階烘焙的一種，需要花較長的時間製作，不斷反覆地折疊、擀製與冷藏鬆弛。

❶ ｛ 快速派皮 ｝

以下基本步驟操作中的食材，是以 p.73 家常蘋果派的派皮材料為範例：
中筋麵粉 300 公克、鹽 5 公克、無鹽奶油 150 公克、冰水 90 ～ 100 毫升

步驟說明順序
材料冷凍→材料混合→派皮和餡料入模→派皮和餡料烘烤

🥄 材料冷凍

製作快速派皮（酥脆派皮）的第一要訣：冰凍奶油與冰水。製作前先把油脂切成 2 公分立體小塊，放入冰箱冷凍 20 分鐘，水也放入冷藏備用。一直以來，西方人製作派類點心大多喜歡用「植物白油」（Vegetable Shortening ），尤其製作肉派時，用量為 100％。讀者可以將以下食譜份量中 100％的無鹽奶油，改成 65％無鹽奶油＋ 35％脫水奶油做搭配，以獲得同樣酥脆的口感。但是，我不建議全部使用脫水奶油，因為會導致派皮太過酥脆而無法成型。

脱水奶油或稱無水奶油（Dehydrated Butter），是將天然奶油經過特殊程序脱乾水分，成為可以在室溫下長時間存放的奶油，以此來取代傳統氫化油脂，例如白油、雪白油。因為不含水分，口感非常酥脆，奶香濃郁。

🍪 材料混合（手動或機器操作）

奶油、麵粉和水都要保持低溫，完成的派皮才會酥脆好吃！

▲ 先將奶油切成立體小方塊。

手動

小叮嚀 │ Tips │
以下步驟 ❶～❺ 混合材料也可以不用攪拌盆，將粉類放在工作枱上，中間做一個洞，將材料放在洞中。用切板慢慢切拌混合，把油脂先混合成沙粒狀，然後加入水，一手撥入、一手按壓，混合成麵團。

〈步驟〉

放入粉類、奶油，搓成沙粒狀

❶ 準備一個大攪拌盆，放入中筋麵粉、鹽均勻混合。

❷ 將切小塊冰凍過的奶油放入盆中。

❸ 用派皮處理器把材料切成小沙粒狀，也可戴上手套把材料搓成小沙粒狀。

加入水混合成團

❹ 慢慢倒入冰水。

❺ 用按壓和翻拌的方式，將材料混合成團。

❻ 整成一個方形麵團，包上保鮮膜，放入冰箱冷藏鬆弛 30 分鐘。

〈步驟〉

放入粉類、奶油，混合成小顆粒狀

食物處理機

① 將中筋麵粉、鹽放入盆子混合。

② 蓋緊上蓋，按「瞬間轉動」2～3次，讓材料混合。

加入水打成團

③ 打開上蓋，加入切小塊冰凍過的無鹽奶油。

④ 蓋緊上蓋，按「瞬間轉動」8～10次，讓無鹽奶油在粉中被切成小顆粒狀。

⑤ 選擇「低轉速」，慢慢倒入冰水。

麵團整型，鬆弛

⑥ 當材料攪打成為數個小團狀，先停機。

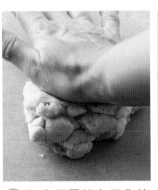

⑦ 取出麵團放在工作枱上，然後將數個小麵團疊起。

⑧ 將麵團切一半，再堆疊起，再切半、再堆疊，如此重複4～5次動作。

⑨ 用手向下按壓捏整，如果有碎粒，用麵團黏起。

⑩ 整成一個方形麵團，包上保鮮膜，放入冰箱冷藏鬆弛30分鐘。

桌上型電動攪拌器

〈步驟〉

放入粉類、奶油，混合成沙粒狀

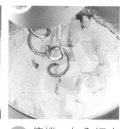

1 將中筋麵粉、鹽放入盆子混合。

2 用鉤狀攪拌頭，以低轉速略攪拌10 秒鐘。

3 停機，加入切小塊冰凍過的無鹽奶油。

4 以低轉速攪拌 20 秒鐘，直到材料混合成沙粒狀。

加入水打成團

麵團整型，鬆弛

5 繼續以低轉速攪拌，慢慢倒入冰水。

6 當材料攪打成為數個小團狀，先停機。

7 取出麵團放在工作枱上，將數個小麵團疊起。

小叮嚀 | Tips |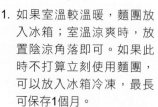

1. 如果室溫較溫暖，麵團放入冰箱；室溫涼爽時，放置陰涼角落即可。如果此時不打算立刻使用麵團，可以放入冰箱冷凍，最長可保存1個月。

2. 冷藏鬆弛後取出的麵團如果太冷、太硬無法擀製，先切割出所需的份量，蓋上保鮮膜，放置在工作枱上或溫暖處20～30分鐘回復室溫。麵團太軟也不好擀製，所以務必隨時注意麵團的溫度。

8 將麵團切一半，再堆疊起，再切半、再堆疊，如此重複 4～5 次動作。

9 用手向下按壓捏整，如果有碎粒，可以用刮板集中。

10 整成一個方形麵團，包上保鮮膜，放入冰箱冷藏鬆弛30 分鐘。

派皮和餡料入模

　　麵團擀壓過程中，很容易產生筋性。如果發現麵團收縮得很厲害，先放下擀麵棍，讓麵團稍微休息 5 ～ 10 分鐘，再進行擀製。擀壓派皮麵團的時間要短、動作要快，防止麵團出筋，烤好的派皮才會酥脆可口。

〈步驟〉

裁剪把手紙

用手指將紙和模型底邊緣壓密合。

① 如果選擇使用非活動式固定派模，可先裁一張比模型直徑長的長方形烘焙紙。

② 鋪在模型底部，以利脫模時當把手。

③ 工作枱上、擀麵棍均撒上少許手粉（高筋麵粉）。

擀壓成派皮

④ 取出鬆弛好的麵團，先用手均勻壓一下。

⑤ 如果無法順利擀壓，必須再鬆弛一下。

⑥ 麵團達到適當的軟度，用擀麵棍將麵團平均的擀壓成所需尺寸。如果是派底，要擀成比派模尺寸大 2 公分的派皮，理想的派皮厚度約 0.4 公分。

派皮麵團 基本技巧

7 將擀開的派皮捲在擀麵棍上。

8 藉著擀麵棍把派皮捲起，並滑入模型中。

9 密合之後，準備刮板或小刀，將大於派模邊緣的部分切掉。

派皮戳洞、造型

  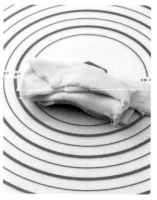

避免手指直接按壓到麵皮

10 抓一點小麵團當輔助工具，使底部和側邊的派皮和模型貼合，但不可用力擠壓。

11 在派皮上戳幾排小洞。

12 切下的派皮集中起來，以保鮮膜包裹，還可以利用。

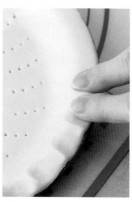   

13 派緣可以用手指捏尖、用叉子壓痕做造型。

14 多餘的派皮用餅乾切模，切割出小星星、葉片形狀。

15 黏貼在派皮上面裝飾。

⚘ 派皮和餡料烘烤

　　派皮麵團的製作方法分成預先盲烤（Blind Baking）至 8 分熟，填入餡料、蓋上頂層派皮，再次入烤箱烤熟；將生派皮、生餡料一起放入烤箱烤熟；或是熟派皮填入熟餡料。比如需要長時間烘烤的肉類餡料，派皮就不需要事先盲烤；而像南瓜派、地瓜派等點心，因為南瓜、地瓜早已事先蒸煮並搗成泥，不需要長時間烘烤，這時候建議先將派皮盲烤，縮短在烤箱內的時間，當然新手們按照食譜的操作指示為佳。

〈步驟〉

`塗抹蛋水`

1 在生派皮的表面塗刷蛋水（1個全蛋充分打散，加1大匙水調勻），然後用毛刷輕輕刷在派皮表面。

2 若是雙層派皮烘烤前，務必在表面製造「開口」以利透氣。

`鋪烘焙紙、放重石，盲烤`

3 如果要「盲烤」，先在生派皮的表面鋪上烘焙紙或鋁箔紙。

4 放入重石或豆子，鋪平整。

5 放入以180℃預熱好的烤箱中，烤 15 分鐘，或是至 8 分熟，也就是派皮邊緣已經烤乾了，但是尚未金黃上色。

❷ { 千層派皮 }

以下基本步驟操作中的食材，是以 p.78 蝴蝶酥的派皮材料為範例：
（1）高筋麵粉 125 公克、低筋麵粉 125 公克、無鹽奶油 35 公克
（2）冰水 125 毫升、鹽 5 公克（先混合攪拌，讓鹽溶化）
（3）裹入用無鹽奶油 160 公克（最多可以使用麵粉重量 85% 的裹入油）

步 驟 說 明 順 序
準備裹入用奶油→製作麵團→麵團包入奶油

🍪 準備裹入用奶油

〈步驟〉

奶油放入夾鏈袋中

小叮嚀 ｜ Tips ｜

1. 敲打奶油的目的是為了喚醒奶油的可塑性，提升其延展性。
2. 如果製作的份量比範例所使用的份量多，則要加大塑膠夾鏈袋的尺寸。
3. 這個動作攸關成敗，不可不練。

① 將裹入用奶油秤好。

② 把奶油放入長 17×寬 12 公分的塑膠夾鏈袋中。

鋪烘焙紙、放重石，盲烤

四個邊角的奶油也要厚度一致

③ 用擀麵棍平均敲打成約 0.5 公分厚的奶油片，用手指將奶油推至塑膠袋邊角，整成無接縫的奶油片。

④ 奶油片的尺寸剛好與塑膠夾鏈袋相同，放入冰箱冷藏。

🍪 製作麵團（手動或機器操作）

手動

〈步驟〉

派皮麵團 ‖ 基本技巧

放入粉類、奶油、鹽水

① 準備大攪拌盆，麵粉過篩入盆中。

小叮嚀 ｜ Tips ｜

1. 這個動作也可以不用攪拌盆，直接將粉類放在工作枱上，中間撥開一個洞，將材料放在洞中。
2. 用切板慢慢把無鹽奶油和水在麵粉中切拌混合。
3. 另一隻手輔助把材料向中間撥入，讓材料集中，再搓揉成團使表面平整。
4. 麵團收口朝下以容器倒扣蓋住，鬆弛15分鐘。
5. 如果過程中發現材料太乾無法成團，可以酌量加一點冰水，約5～10毫升。

混合成麵團、整型、鬆弛

② 將切小塊冰凍過的奶油放入盆中。

③ 倒入冰鹽水。

④ 將材料先混合捏成球，再移到工作枱上稍微搓揉，不需要到表面非常光滑，只要稍微平整即可。

⑤ 將麵團收口朝下放置，容器倒扣蓋住，靜置鬆弛15分鐘。

⑥ 麵團以保鮮膜或塑膠袋包裹，用手掌將麵團稍微壓扁。

⑦ 冷藏鬆弛 30 ～ 40 分鐘。

食物處理機

〈步驟〉

放入粉類、奶油、鹽水

1 麵粉過篩入處理機的容器中。

2 蓋緊上蓋,按「瞬間轉動」2～3次,讓材料混合。

3 打開上蓋,加入切小塊冰凍過的無鹽奶油、冰鹽水。

混合成麵團、整型、鬆弛

4 蓋緊上蓋,按「低轉速」,讓材料結合成團狀,停機。

5 取出麵團放在工作枱上稍微搓揉成團即可,不需光滑,以容器倒扣蓋住,鬆弛 15 分鐘。

6 麵團以保鮮膜或塑膠袋包裹,稍微壓扁。

7 冷藏鬆弛 30 分鐘。

桌上型電動攪拌器

〈步驟〉

放入粉類、奶油、鹽水

1 麵粉過篩入盆中。

2 用鉤狀攪拌頭以低轉速攪拌一下，讓材料混合。

3 加入切小塊冰凍過的無鹽奶油，攪拌混合。

4 加入冰鹽水。

混合成麵團、整型、鬆弛

5 以低轉速攪拌，直到材料混合成團，停機。

6 取出麵團放在工作枱上，稍微搓揉成團即可，不需光滑，以容器倒扣蓋住，鬆弛 15 分鐘。

7 麵團以保鮮膜或塑膠袋包裹，稍微壓扁。

8 冷藏鬆弛 30 分鐘。

小叮嚀 │ Tips │

如果室溫較溫暖，冷藏鬆弛1～2小時；室溫涼爽時，則維持冷藏30分鐘即可。

🍪 麵團包入奶油

〈步驟〉

奶油片包入麵皮

1 鬆弛後的麵團取出放在工作枱上，奶油片也同時取出。

2 擀麵棍和工作枱上都薄撒手粉（高筋麵粉）。

3 把麵團擀成寬 17×長 24 公分的麵皮。

奶油片

4 奶油片放置在左邊 1/2 處。

擀開成薄片

麵皮
接合處

5 右邊的麵皮折向左邊，檢查收口處，麵皮務必完全封住奶油片（麵皮不可大於或小於奶油片太多）。

6 此時，將包有奶油片的麵皮向前後擀開，注意麵皮接合處的位置在左邊。

7 如果麵皮有氣泡，用刀子刺破。

三折第 1 次

麵皮邊緣

⑧ 將上方麵皮向中間折起，下方麵皮向中間折起，麵皮邊緣壓緊，三折第 1 次。

擀開成薄片

接合處

⑨ 蓋上保鮮膜，冷藏鬆弛 20 ～ 30 分鐘。

⑩ 取出麵皮，撒些許手粉，以接合處在左邊的擺法，將麵皮向前後擀開。

三折第 2 次

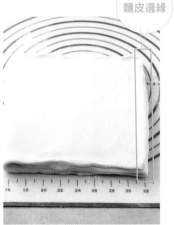

麵皮邊緣

⑪ 將上方麵皮向中間折起，下方麵皮向中間折起，麵皮邊緣壓緊，三折第 2 次。

⑫ 蓋上保鮮膜，冷藏鬆弛 20 ～ 30 分鐘。

⑬ 取出麵皮，撒些許手粉，以接合處在左邊的擺法，將麵皮向前後擀開。

三折第 3 次

⑭ 將上方麵皮向中間折起，下方麵皮向中間折起，麵皮邊緣壓緊，三折第 3 次。

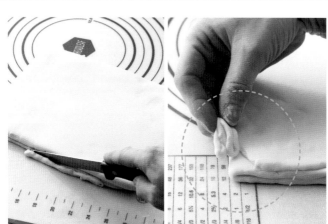

⑮ 可以修整邊緣多餘的麵皮，補在有缺損的地方，使麵皮厚薄一致。這個動作很重要，務必多練習！

⑯ 蓋上保鮮膜，冷藏鬆弛 20 ～ 30 分鐘。

最後冷藏鬆弛

接合處

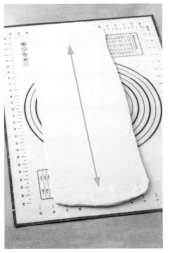

17 取出麵皮，撒些許手粉，然後麵皮向前後擀開。

18 最後冷藏鬆弛 20 ～ 30 分鐘，即成千層派皮。完成後的麵皮應是光滑平整，理想厚度 0.3 ～ 0.4 公分厚。

19 如果完成的派皮沒有立刻使用，可以用保鮮膜或烘焙紙包捲起，放入冰箱冷凍保存。麵皮之間不要直接重疊，以免退冰的時候沾黏。

小叮嚀 │ Tips │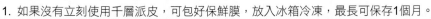

1. 如果沒有立刻使用千層派皮，可包好保鮮膜，放入冰箱冷凍，最長可保存1個月。

2. 新手練習的時候可以只做到三折3次，若是操作熟練了，也可以進階到三折4次，或是四折3次。

3. 若操作過程中覺得奶油太軟，快要爆皮時，趕緊停手放入冰箱冷藏。此外，擀製時麵皮如果出現氣泡，要以刀尖或牙籤刺破。

4. 擀的時候可以使用手粉（高筋麵粉），但是多餘的麵粉要用乾的毛刷刷除，以免麵皮上面沾黏太多麵粉，烤好的成品口感會有雜質，變得很難吃。

5. 控制奶油、麵皮的厚度、溫度和尺寸，以及雙手的平均力道，都是成功製作的關鍵，需要時常練習，方可熟練。

6. 剛開始練習時，使用麵粉重量65%的裹入油即可，慢慢熟練之後，進階75%，最後目標為85%。

7. 麵皮在擀製的時候，接合處一定要在左邊或右邊，不可在上面或下面；可以將麵皮翻面，但是千萬不可以擀錯方向，會導致失敗。

Ⅲ製作派皮常見失敗原因

〈❶ 快速派皮部分〉

🍷 拌合的動作讓麵團出筋了

拌合材料時應該以按壓的方式將材料混合成團，如果不小心搓揉出筋了，烤好的派皮就會不酥脆。

🍷 派皮沒有戳洞，烤的時候膨脹了

派餡大多都是含有水分的材料，例如蘋果、藍莓、肉餡等，當製作雙層派時，餡料包在派皮內烘烤，需要有氣孔讓水蒸氣散出，否則派皮的表面會被撐破。

🍷 派皮鬆弛不夠，烤的時候縮得厲害

派皮入模之後一定要有足夠的鬆弛時間，再放入烤箱烘烤，如果鬆弛時間不夠，會讓派皮在烤箱中縮得厲害，造成餡料外漏。

🍷 派皮擀太久，溫度上升，變軟了

如果派皮一直放在室溫下忘記烘烤，會讓派皮內的油脂滲出，造成整個派皮變軟且不易入模。這時趕緊將派皮放入冰箱冷藏或冷凍，直到派皮摸起來冰冰涼涼的。

▲以按壓的方式混合材料。

▲用叉子在派皮上面戳刺些小孔。

〈❷ 千層派皮部分〉

☙ 奶油和麵團的溫度差距太大

成功製作千層派皮最重要的關鍵是「溫度」。麵團以及裹入奶油的溫度必須相同，才能順利將麵皮擀開。當兩者溫度不同時，奶油會擀不開、奶油融化或發生麵皮爆裂的情況。

☙ 擀的時候力道分布不均

由於是手工擀製，新手很容易因為緊張而出現力道不均的狀況。當擀麵棍的力道分布得不平均時，麵皮會出現一邊厚一邊薄的情況，如果沒有立刻擀平，反而以此厚薄不均的狀況折疊，再次擀開時就會造成麵皮爆開、奶油擀整不平均等狀況。

▲擀麵棍的力道分布均勻，才能將派皮擀平均。

☙ 麵團尺寸沒有測量

測量麵皮和裹入油的尺寸是攸關成敗的關鍵，尤其對新手而言。記住麵皮的面積是裹入油的兩倍，兩者的厚度也要相當，千萬不可以相差太多，會導致失敗。

☙ 麵團鬆弛不夠

麵皮開始折疊擀壓，麵筋就會順勢產生，筋性越強、收縮越大，這時只有讓麵團「鬆弛」，使其恢復延展性，才能擀壓到所需的尺寸。針對千層派皮的成功製作秘訣，只有不斷的練習。如果說最關鍵的成敗點，應該是在麵皮包入裹入油的步驟，只要包入的方式正確，後續的擀壓就會輕鬆許多。建議新手多參考上述步驟，記牢每個步驟的關鍵點，一定可以成功。

裹入油

▲麵皮的面積是裹入油的兩倍。

IV 運用派皮麵團製作美味糕點

學會派皮麵團之後，以下嘗試製作家常蘋果派、蝴蝶酥吧！

快翻到下一頁進行實作↓

最傳統經典的派點心，讓蘋果的美味更升級。

家常蘋果派
Apple Pie

份量：1 個 9 吋派盤，上層編格子網狀。
保存：冷藏 2 天，建議食用前加熱。

〈材料〉

快速派皮
中筋麵粉 300 公克、鹽 5 公克、無鹽奶油 150 公克、冰水 90 ～ 100 毫升

蘋果餡
新鮮蘋果 900 公克（去皮去籽後）、細砂糖 200 公克、檸檬汁 35 毫升、無鹽奶油 25 公克

其他
全蛋 1 個、水 1 大匙

〈步驟〉

製作快速派皮

1 參照 p.56 的步驟 **1** ～ **4**，用派皮處理器把材料切成小沙粒狀，也可戴上手套把材料搓成小沙粒狀。

2 搓成小沙粒狀。

3 慢慢加入冰水。

下一頁還有做法！

④ 用手按壓、翻拌的方式，把材料混合成團狀。

⑤ 麵團包上保鮮膜，放入冷藏鬆弛 30 分鐘。

⑥ 將麵團分成兩等份。

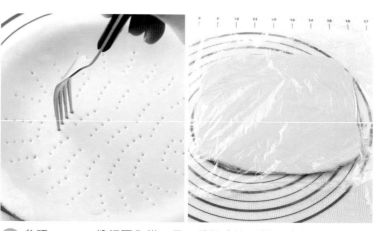

⑦ 參照 p.59，一份麵團入模，另一份擀成比派模尺寸大 2 公分的片狀。

製作蘋果餡

⑧ 蘋果切小塊，與細砂糖放入鍋中，以中火煮。

⑨ 煮到蘋果出水透明。

⑩ 加入檸檬汁。

製作蘋果餡

⑪ 繼續煮到收汁且蘋果軟爛成半糊狀。

⑫ 加入奶油攪拌融化。

⑬ 關火,放置一旁等待降溫。

派皮切割、填餡

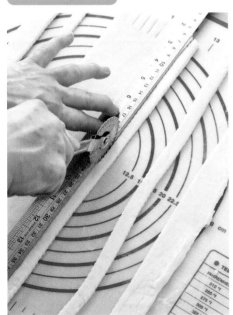

⑭ 將片狀派皮用尺和切割刀,切割出寬度大約 1 公分的長條。

⑮ 冷卻的蘋果餡倒入派模。

排列條狀派皮

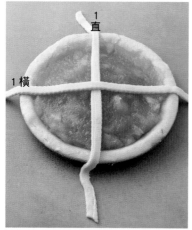

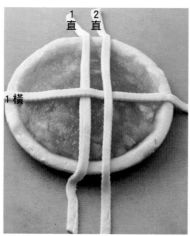

16 先取兩條派皮排成十字。

17 交叉放上第2條直的派皮。

18 交叉放入第2條橫的派皮。

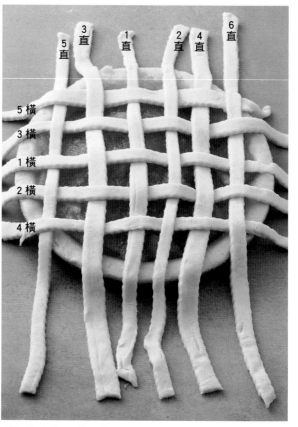

19 依序交叉放入第3條直的、第3條橫的派皮。

20 依序交叉放入第4、5、6條直的，第4、5條橫的派皮。

㉑ 切掉多餘的派皮。

㉒ 將上下兩層派皮的交合處捏緊。

㉓ 派皮上面刷些許蛋液。

加上造型麵皮

㉔ 切下多餘的派皮集中起來，可以製作造型，貼在派緣。

㉕ 在造型麵皮上刷上些許蛋液。

烘烤

㉖ 放入以上下火 200℃ 預熱好的烤箱中烤 35 分鐘，或是直到金黃上色即可。

小叮嚀 │ Tips │

1. 塗刷派皮的蛋液可以只使用蛋黃液，派皮烤好之後顏色會更金黃。

2. 蘋果餡的材料內可以加入肉桂或是香草莢一起煮，增添風味。

蝴蝶酥
Palmiers

份量：12 ～ 15 片
保存：室溫保存 2 天

〈材料〉

（1）高筋麵粉 125 公克、低筋
　　麵粉 125 公克、無鹽奶油
　　35 公克
（2）冰水 125 毫升、鹽 5 公克
（3）裹入用無鹽奶油 160 公克
（4）全蛋 1 個、水 1 大匙、
　　粗砂糖適量

小叮嚀 ｜ Tips ｜

1. 生派皮在冰凍的狀態
下較好切割，所以整
型完成的麵皮如果太
軟，建議一定要冷凍
後再切片。

2. 派皮在烤箱內烘烤的
過程中會滲出油脂，
所以烤盤鋪上烘焙紙
即可，不需抹油。

〈步驟〉

準備千層派皮 | 整型

① 參照 p.62～69 製作一份千層派皮。取 1/2 或 1/3 份放在工作枱上，另一份冷凍保存。

② 工作枱上的麵皮用尺測量出中心線。

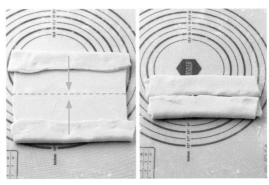

③ 兩邊麵皮向中心折疊。

④ 最後兩邊相疊。

⑤ 整型完成的麵皮放入塑膠袋中，移入冰箱冷凍 20 分鐘。

⑥ 取出麵皮，修整麵皮左右兩端不平整的邊緣。

⑦ 切割成厚度約 1 公分的片狀。

烘烤

⑧ 整齊排列在烤盤上，麵皮中間接合處略打開。

⑨ 麵皮表面薄塗些許蛋水。

⑩ 撒上粗砂糖。放入以 200℃ 預熱好的烤箱中，烘烤 25 分鐘，或是直到金黃上色。烤好後取出，放置在網架上待涼。

Cake Batter

蛋糕
麵糊
Cake Batter

I 認識蛋糕

　　這個單元中要介紹的蛋糕麵糊，分為乳沫類（Foam Type）、麵糊類（Batter Type），以及戚風類（Chiffon Type）三種。

　　乳沫類：又叫「清蛋糕」。完全不含油脂，或是成分中僅含少量液體油脂，例如：天使蛋糕、全蛋製作的海綿蛋糕等。

　　麵糊類：這是含油脂偏高的蛋糕。無論是「糖油拌合法」或「粉油拌合法」操作，只要是打發油脂的，都屬於麵糊類蛋糕，例如：重奶油蛋糕、大理石蛋糕、水果蛋糕等。

　　戚風類：屬於分蛋法製作的蛋糕，戚風蛋糕、燙麵戚風蛋糕就是這一類。配方中的油脂以沙拉油為主，蛋白也是主要材料，因此完成的蛋糕體口感較濕潤、蓬鬆柔軟。

▲全蛋式海綿蛋糕。

▲以分蛋法製作，口感蓬鬆的巧克力戚風蛋糕。

II 製作蛋糕麵糊的原則和技巧

　　蛋糕最吸引人的莫過於鬆軟如海綿的觸感，以及入口即化的綿密口感。想要創造這兩種質感，必須懂得正確打發蛋白、打發奶油以及適當乳化蛋黃。以下要介紹打發蛋黃和蛋白的方法，當中打發蛋白有點難度，但新手只要一步步按圖操作練習幾次，必能完全領會。

> **步 驟 說 明 順 序**
> 打發操作前的準備→蛋白的打發→奶油的打發

🍪 打發操作前的準備

①蛋白最怕潮濕與油膩。蛋白的韌性最怕油脂搗亂，所以打發時不可以含有任何一絲蛋黃或油脂，否則蛋白無法順利打發。

②潮化的糖也會影響打發。如果家中的糖不夠乾燥，而是有點潮濕的結粒糖，也會阻礙打發的過程。

③塔塔粉可以幫助打發。塔塔粉（Cream of Tartar）是一種酸性原料，藉著酸鹼中和幫助蛋白起泡。使用時，用量非常少，通常每 100 公克蛋白，約用 0.5 公克塔塔粉輔助。

④確保器具無水、無油。打發蛋白前，一定要確認盆子和攪拌匙乾淨、無油、無水。雞蛋本身如果用清水洗過，或者從冰箱取出後蛋殼表面凝結水珠，記得用廚房紙巾擦拭乾淨，才可以使用。

▲每100公克蛋白，約用0.5公克塔塔粉輔助，可以幫助蛋白打發。

🍪 蛋白的打發

天使蛋糕（乳沫類）和戚風蛋糕的鬆發都是靠「蛋白打發」。戚風蛋糕的打發程度接近完全乾性發泡，天使蛋糕的打發程度是濕偏乾的狀態。

蛋白最佳的起泡溫度是 18 ～ 20℃，因此製作前要先將蛋白從冰箱取出退冰。不管是攪打成濕性或乾性發泡，通常會先將蛋白打至粗粒泡沫狀之後，才開始分次加入細砂糖，這樣的操作模式有助於把蛋白打至乾性發泡。細砂糖需分次加入，手打的（手拿攪拌棒）大約每隔 1 分鐘加入，電動的大約每隔 10 秒加入，所有的糖分成 3 次加入即可。

通常，每 100 公克蛋白至少需要 50 公克細砂糖幫助打發。打發蛋白時加入糖，是因為糖具有吸濕、安定作用，可以維持蛋白泡沫的穩固結構，讓打好的蛋白霜更漂亮。不過，糖屬於柔性材料，一旦加入比蛋白份量更多的糖，便無法將蛋白打至充滿空氣的乾性發泡。另外，除非食譜中有特別註記，否則不建議使用細砂糖以外的糖製作點心。純白的「細砂糖」溶解快、味道純、品質穩定，是製作糕點的首選。

以下基本步驟操作中的食材，是以 p.96 天使蛋糕為範例：
蛋白 108 公克、塔塔粉少許、鹽 1.5 公克、細砂糖 50 公克

手提式電動攪拌器

〈步驟〉

手握方式

開始攪打

① 兩手握住電動攪拌器,以拇指按壓開關。

② 蛋白、塔塔粉和鹽放入盆子,先以高轉速將蛋白打散,使韌性結構被破壞,出現粗粒泡沫狀。

③ 加入第一次的細砂糖後調中轉速攪拌,大約 10 秒鐘以後加入第二次細砂糖,以此類推。

④ 攪拌器順相同方向操作,攪拌盆也必須順相同方向轉動。

確認攪打狀態

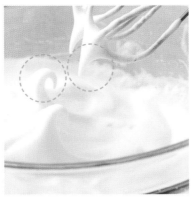

⑤ 蛋白出現圖中的紋路時,可以先停止機器。

⑥ 以攪拌棒拉起,盆子中或是攪拌頭的蛋白霜尾端下垂、彎曲,即濕性發泡。

⑦ 繼續攪打,當盆子中的蛋白紋路維持、沒有消失,表示即將至乾性發泡,要注意!。

⑧ 攪打至以攪拌棒拉起,盆子中或是攪拌頭上的蛋白霜尾端尖挺,即乾性發泡。

小叮嚀 │ Tips │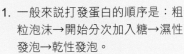

1. 一般來說打發蛋白的順序是:粗粒泡沫→開始分次加入糖→濕性發泡→乾性發泡。

2. 打發後的蛋白一定要立刻製作成所需的麵糊,不可久放,無論室溫或冷藏都不可以。

桌上型電動攪拌器

〈步驟〉

開始攪打

① 蛋白、塔塔粉和鹽放入盆子。

② 先以高轉速將蛋白打散，使韌性結構被破壞，出現粗粒泡沫狀。

③ 加入第一次的細砂糖後調中轉速攪拌，大約 10 秒鐘以後加入第二次細砂糖，以此類推。

確認攪打狀態

④ 先停機，以攪拌棒拉起，盆子中或是攪拌頭的蛋白霜尾端下垂、彎曲，即濕性發泡。

⑤ 繼續攪打，攪打至以攪拌棒拉起，盆子中或是攪拌頭上的蛋白霜尾端尖挺，即乾性發泡。

🍪 奶油的打發

　　大部分人習慣用「糖油拌合法」，也就是「傳統乳化法」來製作重奶油蛋糕，例如布朗尼、馬芬、杯子蛋糕等。先將油和細砂糖混合，**攪拌至泛白**，接著分次加入**蛋液打發**，最後才加入乾性粉料拌成麵糊。但若材料中的油脂達 60% 以上，也可以使用「粉油拌合法」，例如：磅蛋糕。做法是奶油加入過篩的粉料打至膏狀，接著加入糖、鹽打鬆發，最後加入蛋、奶水等濕性材料拌成麵糊。不論哪一種拌合法，攪拌過程皆需要停機、刮缸。

　　在「糖油拌合法」中，第一步必須先「拌勻」奶油。奶油確認拌至柔軟，可以輕易抹開的狀態，類似膏狀（像牙膏般），達到這個程度後才適合加入糖混合攪拌。第二步開始分次加入蛋液，攪打至很多食譜書中提到的「絨毛狀態」，代表奶油狀態非常鬆軟，表面看似絨毛的凸起狀，即是打發。

▲以糖油拌合法製作的杯子蛋糕。

以下為糖油拌合法中，必須先打發奶油的示範，步驟操作中的食材，是以 p.94 布朗尼的材料為範例：
（1）無鹽奶油 100 公克、細砂糖 100 公克、鹽 1 公克、全蛋 2 個
（2）低筋麵粉 75 公克、可可粉 15 公克、泡打粉 1/2 小匙

〈步驟〉

軟化、攪打奶油

1 準備一鍋約 40℃ 的溫水。

2 把裝有奶油的攪拌盆放入，隔溫水軟化。

3 奶油攪打至柔軟的膏狀（像牙膏般）。

④ 加入細砂糖、鹽，混合攪打至泛白。

⑤ 分次加入蛋液，攪打至絨毛狀態（打發）。

翻　　　壓

⑥ 加入混合過篩的低筋麵粉、可可粉和泡打粉。

⑦ 用刮刀以「翻」、「壓」的方式拌勻成麵糊。

III運用蛋糕麵糊製作美味糕點

學會蛋糕麵糊之後，以下嘗試製作葡萄乾瑞士捲、布朗尼和天使蛋糕吧！

快翻到右頁進行實作→

薄薄的蛋糕片捲上葡萄乾與奶油霜，是適合節日的慶祝蛋糕。

葡萄乾瑞士捲
Swiss Roll

做法請見
下一頁！

模型尺寸：寬 36 公分 × 長 27 公分 × 高 2 公分
保存：冷藏 3 天

〈材料〉
蛋糕體
（1）牛奶 75 毫升、沙拉油 50 毫升、香草精 1/2 小匙
（2）細砂糖 55 公克、鹽 2 公克、蛋黃 50 公克
（3）低筋麵粉 105 公克、泡打粉 1 小匙
（4）蛋白 140 公克、細砂糖 75 公克
（5）葡萄乾 30 公克、蘭姆酒 30 毫升

奶油霜（完成量約 330 公克）
無鹽奶油 100 公克、糖粉 200 公克、香草精 1 小匙、動物性鮮奶油 2 大匙

〈步驟〉

事先處理

 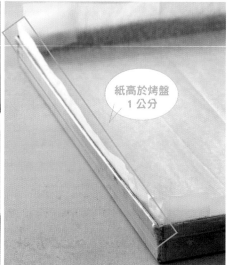

紙高於烤盤
1 公分

1 烤盤鋪上白報紙或烘焙紙，四個邊高於烤盤至少 1 公分。

2 葡萄乾浸泡蘭姆酒軟化之後，放在廚房紙巾上吸乾多餘水分備用。

製作蛋黃麵糊

④ 將細砂糖、鹽加入步驟 ❸ 中，拌至糖溶化。

❸ 牛奶、沙拉油和香草精混合，隔水加熱攪拌至乳化。

⑤ 加入蛋黃拌勻。

⑥ 粉類混合過篩加入。

⑦ 先用網狀攪拌器拌勻成麵糊，不可過度攪拌。

打發蛋白霜

壓

⑧ 再改用刮刀以「壓」的方式檢查有無麵粉顆粒，即完成蛋黃麵糊。

⑨ 蛋白放入乾淨的盆中，快速打至粗粒泡沫狀。

即將乾性發泡

乾性發泡

⑩ 攪拌器改中轉速,分次加入細砂糖。

⑪ 繼續攪打,當盆子中的蛋白紋路維持、沒有消失,表示即將至乾性發泡,要注意!

⑫ 攪打至以攪拌棒拉起,盆子中或是攪拌頭上的蛋白霜尾端尖挺,即乾性發泡。

蛋白霜加入蛋黃麵糊,拌成麵糊

⑬ 取 1/3 量的蛋白霜加入蛋黃麵糊,拌勻。

⑭ 用刮刀以「刮」、「翻」、「壓」的方式拌勻。

入模、整平、烘烤

⑮ 接著再取 1/3 量的蛋白霜加入麵糊,以同樣的方式拌勻成麵糊。

⑯ 將剩餘的蛋白霜全部加入,以同樣的方式拌勻成麵糊。

⑰ 將麵糊倒入模型。

烘烤

1/3 面積不用撒

18 用刮板的平整邊把麵糊推向烤盤四個角落，整平。

19 撒入葡萄乾，約撒 2/3 面積。

蛋糕脫膜、冷卻

20 雙手抓著模型邊緣敲一下，讓葡萄乾黏在麵糊上，放入已經預熱好的烤箱，以上火 170℃、下火 180℃烘烤 15 分鐘，然後烤盤調頭，改上下火 150℃再烤 7 ～ 8 分鐘。

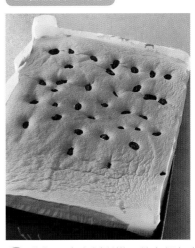

21 烤好取出立刻脫模，放在網架上。

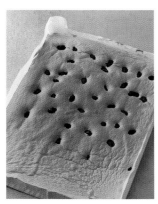

22 立刻把四邊的紙撕開，以免蛋糕收縮。

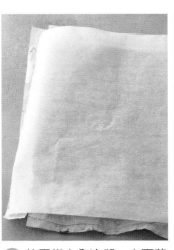

23 等蛋糕完全冷卻，表面蓋上另一張乾淨的白報紙。

24 白報紙上面重疊一張烤盤。

25 雙手抓緊蛋糕和烤盤，快速小心地翻轉過來。

26 撕掉烘焙紙，讓蛋糕底部朝上。

27 再把蛋糕翻正，也就是蛋糕的上色面朝上。

製作奶油霜、塗抹蛋糕

28 將材料中的無鹽奶油放入盆子，加入糖粉攪拌至鬆發。

29 最後加入香草精、鮮奶油拌勻，即成奶油霜。

開始捲的地方塗厚一點

30 將所有奶油霜，平均塗抹在蛋糕上。

捲蛋糕

數條割痕

㉛ 不論從蛋糕寬或窄的一端捲起，開始捲起的那一端，用刀子劃開數條割痕。

㉜ 提起白報紙，用擀麵棍輔助，把開始捲的那一端壓幾下，使其鬆軟。

小叮嚀｜Tips｜

1. 如果想要去除蛋糕表皮，趁蛋糕還有溫度時蓋上白報紙，倒扣降溫，等到蛋糕完全降溫了，撕除白報紙的同時，表皮也就跟著脫落了。

2. 瑞士蛋糕捲不可以烤得太乾，否則捲的時候容易斷裂。

3. 製作完成的奶油霜不須冷藏，可以直接塗抹在蛋糕捲上；冷藏過的奶油霜在塗抹前務必先在室溫退冰，直至奶油霜軟化之後才可以塗抹。奶油霜可以冷藏保鮮1個星期，或是冷凍保存1個月。

㉝ 同時擀麵棍隔著白報紙向前推。

㉞ 一隻手拉著白報紙，另一隻手握住擀麵棍輔助往前推捲。

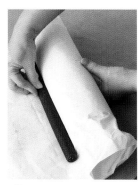

㉟ 最後擀麵棍在尾端壓緊，把蛋糕向內擠壓，幫助黏合。

冷藏

㊲ 將蛋糕以保鮮膜或鋁箔紙包好，放入冰箱冷藏，三天內食用完畢最佳。

㊱ 等蛋糕捲固定之後，打開白報紙，將蛋糕兩端不平整處切掉。

蛋糕麵糊 糕點範例

93

濃郁的巧克力風味搭配核桃,百吃不膩!

布朗尼
Brownie

份量:6 人份

保存:室溫陰涼處 7 天,蛋糕裝入 OPP 自黏袋放在密封蛋糕盒內。或是冷凍保存 1 個月。

〈材料〉

(1) 核桃 75 公克

(2) 無鹽奶油 100 公克、細砂糖 100 公克、鹽 1 公克、全蛋 2 個

(3) 低筋麵粉 75 公克、可可粉 15 公克、泡打粉 1/2 小匙

(4) 蘭姆酒 30 毫升、苦甜巧克力豆 35 公克

〈步驟〉

處理核桃

❶ 核桃稍微切碎。

❷ 將核桃放入乾鍋,以小火炒至表面略上色,離火。

製作麵糊

3 降溫後的核桃放入粗目篩網，去除細碎的果皮。

4 準備一鍋約 40℃ 的溫水。

5 把裝有奶油的攪拌盆放入，隔溫水軟化，再攪拌至膏狀。

6 加入細砂糖、鹽混合，攪打至泛白。

7 分次加入蛋液，攪打至絨毛狀態。

8 加入混合過篩的低筋麵粉、可可粉和泡打粉。

翻　　壓

9 用刮刀以「翻」、「壓」的方式拌勻。

入模、烘烤和冷卻

10 依序加入蘭姆酒、核桃、苦甜巧克力豆拌勻成麵糊。

11 麵糊倒入模型中，表面整平，放入已經預熱好的烤箱，以上下火 170℃ 烘烤 25 分鐘，或是烤至竹籤插入不沾黏。

12 取出布朗尼，放在網架上冷卻。

13 脫模即可品嘗。

份量：5 吋空心戚風蛋糕模 1 個
保存：冷藏 5 天

〈材料〉

（1）蛋白 108 公克、塔塔粉少許、鹽 1.5 公克

（2）細砂糖 50 公克

（3）低筋麵粉 40 公克、香草精 1/2 小匙、檸檬皮末 1 顆份量

（4）動物鮮奶油 200 毫升、細砂糖 16 公克、新鮮草莓 8 顆、新鮮藍莓 8 顆

天使蛋糕
Angel Cake

製作麵糊

1　蛋白、塔塔粉和鹽倒入乾淨無油的盆子中。

2　以高轉速將蛋白打散，使韌性結構被破壞，出現粗粒泡沫狀。

3　分次加入糖，打至偏乾性發泡，即蛋白堅挺成型，但是並不乾硬。

4　低筋麵粉過篩後加入。

刮 翻 壓

5　改用刮刀，以「刮」、「翻」、「壓」的方式，並且同時順同一方向轉鋼盆拌勻。

6　最後加入香草精、檸檬皮末。

下一頁還有做法！

7 拌勻即成天使蛋糕麵糊。

8 確認烤模保持乾燥，不可有油、水或粉。

9 麵糊一層層倒入模型中，放入第一層，抹平。

10 然後放入第二層，抹平。

11 接著放入第三層，抹平。

13 放入已經預熱好的烤箱，以上火 170℃、下火 130℃ 烘烤 40 分鐘。或是烤至以探針刺入蛋糕不會沾黏。

12 擦掉模型邊緣沾黏的麵糊。

脱模、倒扣

邊緣	底部	中間

⑭ 先以脱模刀在蛋糕和模型邊緣交界處劃一圈,然後劃底部,最後劃開中間中空管的位置。

⑮ 蛋糕倒扣過來。

打發鮮奶油　　　　　　　　**裝飾蛋糕**

⑯ 將鮮奶油倒入盆子,加入細砂糖,盆子底下墊一盆冰塊水。

⑰ 攪打至 8～9 分發,即以攪拌棒提起,可看見明顯的尖勾狀,尖端挺立不會下垂。

⑱ 先將鮮奶油舀至蛋糕表面。

⑲ 將鮮奶油均勻抹開。

抹刀和蛋糕側邊成直角抹

⑳ 以湯匙輔助,塗抹蛋糕的側面(抹刀和蛋糕側邊垂直),整圈邊緣都抹好。

㉑ 在蛋糕表面隨意塗抹鮮奶油。

㉒ 隨意排上草莓裝飾即可。

泡芙
麵糊
Choux Pastry

Choux Pastry

Ⅰ 認識泡芙

泡芙又叫奶油空心餅，是烘焙業界丙級考試的題目之一，可見烤出漂亮泡芙是烘焙技術人員必備的能力。看著烤箱內漸漸膨脹的泡芙麵糊，表面因為受熱而產生的不規則裂痕，那種舒心的感受，是只有站在烤箱旁邊等待才有的享受。

Ⅱ 製作泡芙麵糊的原則和技巧

泡芙麵糊的組合非常簡單：麵粉、奶油、水和雞蛋。這四樣材料的混合，就可以製作出外殼酥脆、中間空心的餅殼。然而，泡芙的製作方式卻堪稱甜點中最特殊的，因為過程中必須將麵糊煮熟，類似製作西餐白醬的做法，接著才加入雞蛋攪打成光滑的麵糊。成功的關鍵是必須掌握麵糊的溫度、蛋液加入的時間以及最終麵糊的濃稠度，是新手剛開始比較容易出錯的。不過相信照著以下的步驟製作，你也可以輕鬆駕馭、成功掌控！

> 以下基本步驟操作中的食材，是以 p.106 小泡芙為範例：
> （1）無鹽奶油 75 公克、水 125 毫升、鹽 1 公克
> （2）低筋麵粉 100 公克、全蛋 180 公克

步驟說明順序
煮液體→炒麵糊→攪拌麵糊→擠泡芙麵糊→填餡

煮液體

煮的時候要特別小心，因為奶油熔點低，很快就會遇熱融化並開始沸騰。如果不小心煮過頭，把奶油「焦化」了，鍋底就會產生黑色沉澱物，影響麵糊的光澤。

〈步驟〉

① 將無鹽奶油、水、鹽放入鍋中。

② 以小火加熱直到均勻融化，材料沸騰後立刻關火。

🍪 炒麵糊

其實高筋麵粉、低筋麵粉都可以用來製作泡芙麵糊，重點是麵糊必須炒到全熟，也就是 100℃。除了用專業的溫度計測量之外，也可以用目測的方式判斷。當麵糊炒到鍋底會出現一層黏膜，或是麵糊不沾鍋邊時，代表麵糊已炒熟。

〈步驟〉

❶ 倒入低筋麵粉，改用木匙迅速攪拌。

❷ 攪拌至材料成為稀稀的糊狀。

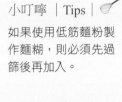

小叮嚀 │ Tips │
如果使用低筋麵粉製作麵糊，則必須先過篩後再加入。

❸ 接著開中火，用木匙像炒菜那樣，不斷翻炒麵糊。

❹ 炒至鍋底出現一層黏膜（白膜），或是麵糊不沾黏鍋邊即可，離火。

🧑 攪拌麵糊

攪拌麵糊的目的是要讓麵糊降溫，建議把鍋中的麵糊倒入乾淨寬口的攪拌盆中攪拌，這樣可以更快降溫。

〈步驟〉

攪拌降溫

① 離火後的麵糊很黏稠，不易攪拌，可以在盆底墊濕抹布。以手拿攪拌棒或木匙把麵糊搗成數個小麵糊，攪拌降溫。

手拿攪拌棒或木匙

 或

加入蛋液攪拌

② 當麵糊溫度降到 60 ～ 65℃，是添加蛋液的最佳時機。

③ 蛋液打散後分次加入麵糊中。

④ 以畫圓的方式持續攪拌。

⑤ 直到提起攪拌棒或是木匙時，麵糊呈半透明狀，並且以漂亮滑順的三角形狀慢慢滴落，即可停止攪拌。

手提式電動攪拌器

〈步驟〉

攪拌降溫　　**加入蛋液攪拌**

① 離火後的麵糊用打打停停的方式打散麵糊，幫助降溫。

② 將蛋液打散，分次加入麵糊。

③ 接著全程以低轉速邊打邊停，以免攪拌頭捲起太多的麵糊。

④ 打至麵糊呈半透明狀，並且以漂亮滑順的三角形狀慢慢滴落，即可停止攪打。

🍪 擠泡芙麵糊

　　建議使用大容量的擠花袋，並選擇口徑至少 1 公分以上的花嘴。星形、平口、菊形等款式皆可。擠出漂亮麵糊的秘訣是：先擠入定量的麵糊在烤盤紙上，直到預定的大小尺寸，先鬆開手，再拉起擠花袋。

〈步驟〉

烤箱上下火預熱 200℃

 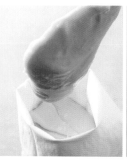 

1 擠泡芙麵糊之前，要確認烤箱開始預熱，並且烤盤鋪上烘焙紙。

2 麵糊完成後可以立刻裝入套有花嘴的擠花袋中，建議選擇厚的擠花袋。先試擠一點麵糊出來。

3 一手虎口握緊擠花袋的上端，另一手虎口輕輕扶著靠近花嘴的一端。

直角

4 花嘴以近乎 90 度直角的角度，把麵糊定量地擠在烤盤上。

5 手指沾濕，把表面翹起（突起）的麵糊壓平，即可烘烤，烤箱溫度 200℃，烘烤時間 25 分鐘。

〈步驟〉

🍪 填入餡料 ——

泡芙殼降溫	準備填餡

泡芙有兩種填入餡料的方式，一種是從橫面剖開，另一種是從底部戳洞擠入。填入的餡料分成單純卡士達醬、鮮奶油卡士達醬以及鮮奶油。你也可以隨興發揮，加入自己喜愛的餡料。

① 泡芙殼出爐後，放在網架上降溫。

② 用鋸齒刀橫向切出開口，填入餡料。

③ 也可以從底部戳小洞，填入餡料。

III 製作泡芙常見失敗原因

🏆 倒入蛋液的時機不對

麵糊剛煮好時溫度近 100℃，這時加入蛋液可能會把蛋煮熟，但若等麵糊溫度降得太冷後再加入蛋，又無法讓材料順利融合，所以準備一支溫度計測量，是確保不會失敗的好方法。

🏆 麵糊攪拌的程度不夠

麵糊加入蛋液之後必須仔細攪拌，讓蛋液完全與材料融合乳化，如果攪拌得不夠或是麵糊太硬，都無法在烤箱中順利受熱膨脹。

▲溫度計是新手煮泡芙麵糊時不可缺的實用工具。

🏆 烘烤時打開烤箱

泡芙是少數不可以在烘烤中途打開烤箱的一種點心，而且烘烤過程需要持續 200℃ 的高溫烤焙。在烘烤途中打開烤箱門，會讓烤箱內的熱氣快速散出，導致烤溫下降，影響泡芙膨脹。

🏆 烘烤時間不夠

新手烘焙泡芙時，會以為泡芙順利膨脹就代表烤好了，其實不然。泡芙裡層還在持續加熱熟化，應該讓麵糊裡的水氣烤乾一點，出爐後可以保證泡芙不會塌陷。

▲讓泡芙麵糊裡的水氣烤乾一點，出爐後更能維持泡芙的形狀。

IV 運用泡芙麵糊製作美味糕點

學會泡芙麵糊之後，以下嘗試製作小泡芙、閃電泡芙吧！

快翻到下一頁進行實作↓

迷你小巧的造型，可搭配各種餡料。

小泡芙
CHOUX

份量：約 20 個

保存：泡芙可放置室溫 1 天，夾入餡料之後務必冷藏，盡快在 2 天內食用完畢。

〈材料〉

泡芙

（1）無鹽奶油 75 公克、水 125 毫升、鹽 1 公克

（2）低筋麵粉 100 公克、全蛋 180 公克

鮮奶油卡士達醬

（1）牛奶 300 毫升、細砂糖 60 公克、香草精 1/4 小匙

（2）蛋黃 50 公克、低筋麵粉 18 公克、玉米粉 12 公克

（3）無鹽奶油 75 公克

（4）動物性鮮奶油 200 公克、細砂糖 16 公克

（5）珍珠糖粒 2 大匙

先製作卡士達醬

1 牛奶倒入湯鍋加熱，加入細砂糖、香草精混合，攪拌至即將沸騰前關火。

2 蛋黃打入盆子，加入過篩的粉類。

3 用攪拌棒拌勻，直到材料均勻混合。

4 把熱牛奶倒入蛋盆中，混合後倒回湯鍋中。

5 將湯鍋以中火加熱，改用木匙邊加熱邊持續攪拌，直到材料濃稠且沸騰，關火。

6 加入奶油，攪拌至奶油融化，即成卡士達醬。

7 將卡士達醬表面緊密貼覆耐熱保鮮膜降溫，可避免表皮形成乾硬的皮。

打發鮮奶油

⑧ 將鮮奶油、細砂糖倒入盆子，盆子底下墊一盆冰塊水。

⑨ 攪打至 8 ～ 9 分發，即以攪拌棒提起，可看見明顯的尖勾狀，尖端挺立不會下垂。

完成鮮奶油卡士達醬

⑩ 把鮮奶油慢慢地加入冷卻的卡士達醬內混合拌勻，即成鮮奶油卡士達醬。

製作泡芙麵糊

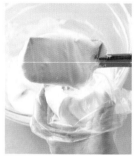

⑪ 將鮮奶油卡士達醬倒入裝有尖頭花嘴的擠花袋內，冷藏備用。

⑫ 參照 p.101 ～ p.103 製作一份泡芙麵糊（約 480 公克）。

以上下火 200℃預熱、擠麵糊

⑬ 擠泡芙麵糊之前，先確認烤箱開始預熱，烤盤鋪上烘焙紙。

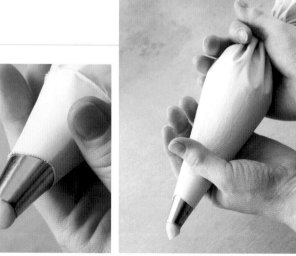

⑭ 麵糊完成後立刻裝入套有花嘴的擠花袋中，選擇厚的擠花袋。先試擠一點麵糊出來。

⑮ 一手虎口握緊擠花袋上端，另一手虎口輕輕扶著靠近花嘴的一端。

⑰ 手指沾濕，把表面翹起（突起）的麵糊壓平。

⑯ 花嘴以近乎90度直角的角度，把麵糊定量擠在烤盤上。

小叮嚀 | Tips |

1. 卡士達醬完成的份量約450公克。冷卻後表面緊貼保鮮膜入冰箱，可保存4～5天。

2. 加入鮮奶油的卡士達醬會縮短保存期限，所以務必在短時間內使用完畢。

烘烤、降溫

⑲ 烤好的泡芙殼出爐後，放在網架上降溫。

⑱ 在麵糊表面撒上珍珠糖，即可烘烤，放入以上下火 200℃ 預熱好的烤箱內，烘烤約 25 分鐘。

⑳ 用鋸齒刀橫向切出開口，或是從底部戳小洞，填入餡料即可享用。

填餡、沾醬皆可，嘗一口閃電般的甜美滋味！

閃電泡芙
Eclairs

份量： 約 20 個
保存： 冷藏 5 天

〈材料〉

泡芙

（1）無鹽奶油 75 公克、水 125 毫升、鹽 1 公克

（2）低筋麵粉 100 公克、全蛋 180 公克

巧克力沾醬

苦甜巧克力（免調溫巧克力）150 公克

〈步驟〉

製作泡芙麵糊

1 參照 p.101 ～ 104 製作一份泡芙麵糊（約 480 公克）。

以上下火 200℃ 預熱、擠麵糊

2 擠泡芙麵糊之前，要確認烤箱開始預熱，烤盤鋪上烘焙紙。

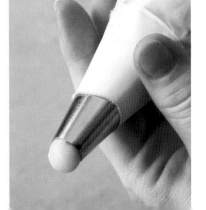

3 麵糊完成後立刻裝入套有花嘴的擠花袋中，建議選擇厚的擠花袋。先試擠一點麵糊出來。

下一頁還有做法！

111

虎口緊握擠
花袋上端

虎口輕輕
扶著

④ 一手虎口握緊擠花袋的上端，另一手虎口輕輕扶著靠近花嘴的一端。

⑤ 花嘴以近乎90度直角的角度，把麵糊定量地擠在烤盤上，擠成長條狀。

降溫

⑥ 手指沾濕，把表面翹起（突起）的麵糊壓平，放入以上下火200℃預熱好的烤箱內，烘烤20～25分鐘。

⑦ 烤好的泡芙殼出爐後，放在網架上降溫。

組合 1：填餡

組合 2：填餡＋沾巧克力醬

8 用鋸齒刀橫向切出開口。

9 填入鮮奶油卡士達醬（做法見 p.107）。

10 將巧克力切碎。

組合 3：單獨沾巧克力醬

11 巧克力碎放入鋼盆中，底部放一盆用小火加熱呈微滾的熱水，隔著熱水一邊攪拌，一邊融化巧克力，當巧克力幾乎融化時即可關火，保溫。

12 泡芙殼填入鮮奶油卡士達醬後，表面沾裹巧克力醬。

13 泡芙殼也可以不要橫切，將表面直接沾裹一層巧克力醬。

小叮嚀 │ Tips

1. 巧克力切碎之後可增加受熱面積，隔水加熱時間縮短，更快融化。

2. 建議初學者選用免調溫巧克力，這是因為需要調溫的巧克力如果沒有正確調溫，會在凝固後的表面出現霧面不光亮的狀態，影響外觀。

3. 融化後的巧克力應該立刻使用，不可以用保鮮膜或鍋蓋等蓋住，以免水氣凝結滴入巧克力中，反而改變結構導致失敗。

14 將泡芙放在網架上，等巧克力醬凝固即可享用。

煎餅&薄餅麵糊

Pancake & Crepes Pastry

I 認識煎餅&薄餅

　　煎餅（Pancake）和薄餅（Crepes）是近年來市面上很流行的咖啡館甜點之一，強調現烤、現做，因此消費者可以享受溫熱美味的點心。煎餅和薄餅另一個受歡迎的原因，在於搭配餡料和醬汁的多樣化。從各種基本醬汁、入口即化的打發鮮奶油，到每個季節的新鮮多汁水果，口味豐富，可以說是咖啡館點心中歷久不衰的經典。

　　這兩種餅都屬於平底鍋類點心，台灣人熟悉的薄餅指的是來自歐洲法國的薄片餅皮，裡面包著肉類、蔬菜或水果，可當輕食，也可當午茶點心；煎餅則又稱鬆餅，餅皮比較厚，口感鬆軟如蛋糕，不論搭配哪一種水果，都必須搭配香甜可口的發泡鮮奶油。

Ⅱ 製作煎餅&薄餅麵糊的原則和技巧

　　煎餅（鬆餅）和薄餅使用的都是低筋麵粉，所以製作時都必須先將麵粉過篩，以免結顆粒。攪拌完成的麵糊一定要經過「靜置鬆發」的過程，這段時間各個材料互相融合，下鍋之後才能煎出漂亮的餅皮。

以下基本步驟操作中的食材，是以 p.118 花茶牛奶煎餅為範例：
（1）牛奶 200 毫升、全蛋 1 個＋蛋黃 1 個、無鹽奶油 25 公克、香草精 1/2 小匙
（2）低筋麵粉 200 公克、糖粉 40 公克、薰衣草茶葉 1 公克、無鋁泡打粉 5 公克、鹽 2 公克

步驟說明順序
混合與加熱液體材料→粉類過篩→靜置麵糊→開始煎餅皮

混合與加熱液體材料

　　雞蛋、牛奶都是液體材料，但是雞蛋遇熱 80℃ 就會被煮熟，所以要小心控制牛奶的溫度。

〈步驟〉

1 將牛奶倒入小鍋中，以小火加溫，煮到約 40℃（鍋子邊緣開始冒泡泡），離火。

2 加入全蛋、蛋黃、奶油和香草精，用手拿攪拌棒攪拌均勻。

小叮嚀 ｜ Tips ｜

1. 牛奶溫熱時加入蛋，可以降低雞蛋的韌性，讓雞蛋變得好攪拌、易融合。但是如果牛奶煮得太燙時加入蛋，蛋很可能會被煮熟，所以要留意牛奶的溫度，最好是控制在約40℃。
2. 如果想要讓麵糊增添迷人的酒香，也可以在這個階段加入甜點常用的干邑酒、蘭姆酒等等。

🍪 粉類過篩

材料中除了低筋麵粉之外，也會添加泡打粉，有時還會添加可可粉、抹茶粉、咖啡粉等，所有粉料都要過篩再使用。

▲加入的所有粉類都要確實過篩。

〈步驟〉

粉類加入濕性材料

可變化麵糊風味

1 所有粉類混合過篩，分 2 次加入濕性材料中，用手拿攪拌棒輕輕拌勻。為避免出筋，不可用力攪拌。

2 第一次攪拌到快要看不到粉料時，再加入第二次的粉料，攪拌到材料混合均勻即可。

3 如果想製作不同風味的麵糊，可以在這個階段完成後加入薰衣草、薄荷葉、玫瑰水、抹茶等，然後拌勻。

🍪 靜置麵糊

攪拌完成的麵糊蓋上保鮮膜或鍋蓋，放置在室溫下鬆弛 30 分鐘，讓材料進行水解糊化的作用，可以讓鬆餅的外觀漂亮、口感更加鬆軟芳香。

🍪 入鍋煎餅皮

煎餅皮之前，鍋子必須先預熱，達到溫度之後才能倒入麵糊。此外，也要注意鍋子（平底鍋）表面的塗層是否有破損，以免麵糊沾黏。

〈步驟〉

熱鍋

1 鍋面以毛刷或廚房紙巾沾少許沙拉油，薄塗一層在鍋子表面，開火，以平均的中小火預熱鍋面。

2 等鍋子達到預熱溫度，也就是把手心向下放在離鍋子 5 公分的高度，約 10 秒鐘以內會感覺到熱，即預熱完畢。如果鍋子冒煙了，趕緊離火降溫。

開始煎餅皮

③ 舀入適量的麵糊淋在鍋子中心，使其自然攤開成圓片狀，然後以小火開始煎。

④ 如果是做厚煎餅，要煎到表面出現氣孔，翻面，再繼續煎幾秒鐘即可起鍋。

⑤ 如果是做薄餅，麵糊倒入鍋中，立刻快速旋轉鍋子，讓麵糊平均覆蓋整個鍋面，煎到麵皮邊緣微微翻起，翻面，再繼續煎幾秒鐘即可起鍋。

Ⅲ製作煎餅＆薄餅常見失敗原因

薄餅、鬆餅的配方和製作方式都非常簡單，不需特殊工具也可以完成，因此歸納出的問題多屬於最重要的加熱器具：**平底鍋**。

🥄 平底鍋預熱不夠

熱度不夠的平底鍋無法煎出漂亮的餅皮。因為麵糊入鍋後需要適當的高溫讓餅皮立刻凝固，形成漂亮金黃的外皮。如果鍋子的溫度太低，餅皮外觀就會偏淺色，不好看。

🥄 使用非不沾材質的平底鍋

鍋子使用年限如果太久，表面的不沾塗層會耗損，而製作平底鍋點心，最怕的就是鍋子沾黏，尤其是薄餅。因此在製作之前，要先確認鍋子的沾黏狀況，以免失敗。

Ⅳ運用煎餅＆薄餅麵糊製作美味糕點

學會煎餅＆薄餅麵糊之後，以下嘗試製作花茶牛奶煎餅、抹茶千層薄餅吧！

快翻到下一頁進行實作↓

添加自己喜愛的風味，讓煎餅口味更豐富。

花茶牛奶煎餅
Lavender Milk Pancake

份量：直徑 9 公分圓片，大約 14 片。
保存：現做現吃或是冷藏 3 天

〈材料〉

（1）牛奶 200 毫升、全蛋 1 個＋蛋黃 1 個、無鹽
　　奶油 25 公克、香草精 1/2 小匙

（2）低筋麵粉 200 公克、糖粉 40 公克、薰衣草
　　茶葉 2 公克、無鋁泡打粉 5 公克、鹽 2 公克

（3）打發鮮奶油適量（參照 p.99）、新鮮水果適
　　量、蜂蜜少許

小叮嚀｜ Tips ｜

1. 如果使用平面平底鍋，可以一
　次煎多個；但是如果平底鍋中
　間凸起、周圍凹陷，則建議一
　次只煎一片。

2. 平底鍋表面如果太乾，要適時
　塗抹些許油脂。

〈步驟〉

製作麵糊

❶ 將牛奶倒入小鍋中，
以小火加溫，煮到約
40℃，離火。

❷ 加入全蛋、蛋黃，
用手拿攪拌棒攪拌
均勻。

❸ 放入奶油、香草精，攪拌至融化。

下一頁還
有做法！

119

④ 低筋麵粉、糖粉混合後過篩,加入鍋中。

⑤ 加入薰衣草茶葉、泡打粉和鹽,攪拌均勻成麵糊。

⑥ 蓋上保鮮膜,靜置鬆弛約 30 分鐘,備用。

煎餅皮

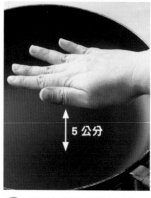

5 公分

⑦ 鍋面以毛刷或廚房紙巾沾少許沙拉油,薄塗一層在鍋子表面,開火,然後以平均的中小火預熱鍋面。

⑧ 等鍋子達到預熱溫度,也就是把手心向下放在離鍋子 5 公分的高度,約 10 秒鐘以內會感覺到熱,即預熱完畢。

⑨ 在鍋子中心倒入適量麵糊,使成直徑約 9 公分圓片狀。

盛盤、裝飾

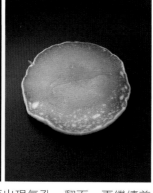

⑩ 以小火煎,要煎到表面出現氣孔,翻面,再繼續煎幾秒鐘即可起鍋,繼續把麵糊用完。

⑪ 將煎餅放在盤子上,搭配新鮮水果片、打發鮮奶油,最後淋上蜂蜜即可品嘗。

層層餅皮夾入餡料，可變化材料，品嘗不同美味。

抹茶千層薄餅
Matcha Mille Crepes

做法請見下一頁！

份量：直徑 25 公分平底鍋約 8 片

保存：切片後放入保鮮盒，冷凍保存 5 天。不可冷藏，會
出水。

〈材料〉

（1）牛奶 350 毫升、全蛋 3 個、無鹽奶油 35 公克

（2）低筋麵粉 120 公克、抹茶粉 7 ～ 8 公克、糖粉 35 公克、
鹽 2 公克

（3）打發鮮奶油適量（參照 p.99）、果醬適量、糖粉適量

小叮嚀 │ Tips │

過濾麵糊是關鍵的步驟！
因為薄餅麵糊的水分很
多，麵粉有時會凝結成
塊，透過篩網過濾麵糊可
以確保麵糊混合得夠細
緻、夠融合。

〈步驟〉

事先處理

① 將牛奶倒入小鍋中，以小火加溫，
煮到約 40℃，離火。

② 加入全蛋，用手拿攪拌
棒攪拌均勻。

③ 放入奶油，攪拌至融化。

④ 加入過篩的低筋麵粉，再加入過篩的抹茶粉、糖粉
和鹽，攪拌均勻成麵糊。

⑤ 將麵糊以篩網過濾。

麵糊靜置

6 蓋上保鮮膜，靜置鬆弛約 30 分鐘，備用。

煎餅皮

7 鍋面以毛刷或廚房紙巾沾少許沙拉油，薄塗一層在鍋子表面，開火，以平均的中小火預熱鍋面。

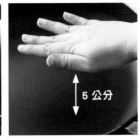

5 公分

8 等鍋子達到預熱溫度，也就是把手心向下放在離鍋子 5 公分的高度，約 10 秒鐘以內會感覺到熱，即預熱完畢。

9 在鍋子中心倒入適量麵糊，立刻快速旋轉鍋子，讓麵糊平均覆蓋整個鍋面。

裁切餅皮、組合

10 煎到麵皮邊緣微微翻起，翻面，再繼續煎幾秒鐘即可起鍋，繼續把麵糊用完。煎好的餅皮每片間隔一張保鮮膜，疊放在盤子上。

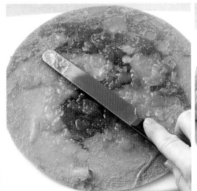

11 將保鮮膜掀開，用圓形空心模把餅皮裁切整齊。取一片餅皮放在盤子上，表面塗抹果醬，蓋上另一片餅皮

12 再塗抹打發鮮奶油，再蓋上另一片餅皮，反覆層疊用完所有餅皮。

13 將組合好的薄餅對切成小片，表面可撒糖粉，趁熱食用，也可以冷凍後再吃。

COOK50162

麵團與麵糊，基礎的基礎

烘焙新手的第一堂課：六大類麵團和麵糊基本技法與糕點示範

作者｜王安琪
攝影｜林宗億
美術設計｜See_U Design
編輯｜彭文怡
校對｜連玉瑩
行銷｜石欣平
企劃統籌｜李橘
總編輯｜莫少閒
出版者｜朱雀文化事業有限公司
地址｜台北市基隆路二段13-1號3樓
電話｜02-2345-3868
傳真｜02-2345-3828
劃撥帳號｜19234566朱雀文化事業有限公司
e-mail｜redbook@ms26.hinet.net
網址｜http://redbook.com.tw
總經銷｜大和書報圖書股份有限公司（02）8990-2588
ISBN｜978-986-94586-4-1
初版一刷｜2017.06
定價｜新台幣299元
出版登記｜北市業字第1403號

國家圖書館出版品
預行編目資料

麵團與麵糊，基礎的基礎：烘焙新手
的第一堂課：六大類麵團和麵糊基本
技法與糕點示範／王安琪著.
-- 初版. -- 臺北市：朱雀文化, 2017.06
面；公分 --（Cook50；162）
ISBN 978-986-94586-4-1（平裝）
1. 點心食譜

427.16

出版登記北市業字第1403號
全書圖文未經同意，不得轉載和翻印

●感謝恆隆行貿易股份有限公司提供食物處理機拍攝●

About買書：

●朱雀文化圖書在北中南各書店及誠品、金石堂、何嘉仁等連鎖書店，以及博客來、讀冊、PC HOME等網路書店均有販售，如欲購買本公司圖書，建議你直接詢問書店店員，或上網採購。如果書店已售完，請電洽本公司。

●●至朱雀文化網站購書（ｈｔｔｐ：／／redbook.com.tw），可享85折起優惠。

●●●至郵局劃撥（戶名：朱雀文化事業有限公司，帳號19234566），掛號寄書不加郵資，4本以下無折扣，5～9本95折，10本以上9折優惠。